国家出版基金项目
NATIONAL PUBLICATION FOUNDATION

家住白洋淀 JIA ZHU BAIYANG DIAN
我的观鸟笔记 WO DE GUAN NIAO BIJI

河北大学生命科学学院
河北大学鸟类保护协会 /文 李新维 赵俊清 /摄

河北少年儿童出版社
河北大学出版社

《家住白洋淀——我的观鸟笔记》编委会

顾 问

印象初

主 编

李新维　侯建华

副 主 编

康现江　李雪峰　陶 宁

编写人员（排名不分先后）

康现江　侯建华　吴婷婷　范俊功　王义弘　王鹏华
任洪新　陈向阳　张 侃　林庆乾　赵 阳　殷 木
公羽良　梁文阁　赵俊清　李 西　雨 辰　郑 华

摄 影

李新维　赵俊清

音频录制

赵俊清

给小读者的一封信

亲爱的朋友，猜猜我是谁？

我有颜色鲜亮的羽毛，

我有尖锐锋利的鸟喙，

我有令人称奇的生存本领，

我还有一群可爱的兄弟姐妹。

我和你一起生活在这蓝色的星球上。

白天，当你出门时，停在枝头向你问好的可能就是我；

夜晚，万家灯火时，躲在巢穴里窃窃私语的可能也是我。

水泥森林是你们生活的地方，

树林、草原、河流却是我的向往。

我，就是在你身边经常出现却常常被你忽视的朋友——鸟儿。

我们飞在空中，为天空增添色彩；

我们站在枝头，为森林消灭虫害。

我们唱歌跳舞，在亲近自然中传递友谊；

我们筑巢孵卵，在热切企盼中哺育下一代。

我们是你会飞的朋友——鸟儿。

然而，

森林、草原、河流越来越少了，

取而代之的是你们需要的公路、农田、货仓……

我们的家园变得越来越小了，

取而代之的是你们建起的高楼、大厦、工厂……

希望读到这封信的你，

能够停下匆忙的脚步侧耳倾听，

给那个热情打招呼的我一些回应，

给鸟类朋友们多一些关心。

请试着与我们重新认识吧，

请学会与我们共同相处吧，

让我们更加相亲相爱吧，

让这颗温暖的蓝色星球永远年轻吧！

永远爱你的朋友

2

目 录

观鸟笔记

- 鸟纲
- 鹲鹏目
- 鹲鹏科

凤头鹲鹏

"浪里白"——凤头䴙䴘

夏日的荷花亭亭玉立，用娇艳的粉红色诉说着好心情。一池湖水借来天上白云的影子、岸边绿柳的影子和水中荷花的影子，装点出一个美丽的水世界，供鱼儿嬉戏。

远处游来一对凤头䴙䴘（pìtī），它们时不时地扇动翅膀，发出一连串清脆的叫声。凤头䴙䴘的头上顶着一簇蓬松的羽冠，脖子上"戴"着一圈"毛领子"。风一吹，毛领子的羽毛就翻到头顶上了，真好玩。它们的脸和脖子都白白的，嘴巴是黄色的，眼睛像小白兔一样是红色的。

凤头䴙䴘一般会选择在芦苇丛中或者其他水生植物较为丰富的地方筑巢。这样，它们不仅可以很好地把巢隐蔽起来，还能随时取到筑巢的原料——柔软的水草。当水草发酵时，所产生的热量有助于凤头䴙䴘孵卵。

凤头䴙䴘一般每窝会产卵 4~5 枚。刚刚产出的卵是蓝绿色的，慢慢地会变成褐色。雌鸟孵卵期间也会外出觅食。大约 1 个月后，凤头䴙䴘宝宝就破壳而出了。不过，宝宝长得和父母可不太像，全身毛茸茸的，脖子上还有几道纵纹。

刚出生的宝宝还不会觅食，所以经常能看到凤头䴙䴘的爸爸妈妈忙碌着四处捕食来喂养宝宝。凤头䴙䴘生性胆小，受到惊吓会迅速潜到水中。

凤头䴙䴘宝宝破壳而出后便能下水游泳，但它们体力有限。当小宝宝游累了，便会爬到爸爸妈妈的背上。爸爸妈妈感受到危险时，会把宝宝夹在翅膀下迅速游走。

经过一段时间，长大一些的宝宝终于可以自己觅食了。一般情况下，它们会成群外出，捕食一些小鱼或小虾，有时也会吃一些水草。凤头䴙䴘属于迁徙性鸟类，凤头䴙䴘宝宝还需要学习飞翔，为迁徙做准备。

学　　名：凤头䴙䴘

家　　族：鸟纲　䴙䴘目　䴙䴘科

外　　形：体长约 50 厘米，相对小䴙䴘较大。头上具深色羽冠，颈修长，颈背为粟色，虹膜近红色，嘴为黄色，脚为近黑色。繁殖期雄鸟具黑端棕羽皱领，前颈白色。

生　　境：池塘、水库、沼泽等水流较慢的水域。

食　　谱：主要以小鱼、虾、昆虫和软体动物以及水生植物为食。

保护级别：国家"三有"保护鸟类（国家保护的，有重要生态、科学、社会价值的鸟类）；河北省重点保护鸟类。

悬浮的"家"

凤头䴙䴘的巢是一种漂浮在水面的浮巢。浮巢最大的优点就是能随水位的上升而上升，不用担心"家"被淹了。

潜水高手

凤头䴙䴘宝宝在很短时间内就可以学会潜泳啦！它们个个都是潜水高手，可以潜到水中好长时间不用换气呢！

"粗心"的妈妈

孵卵期间，凤头䴙䴘妈妈饿了会离开巢去觅食。但是，粗心的妈妈不会对巢内的蛋宝宝们进行掩盖。哎呀，这可是很危险的事情呢！

拓展与思考

凤头䴙䴘常常被误认为是鸭子，怎么区分凤头䴙䴘和鸭子呢？凤头䴙䴘是体形最大的一种䴙䴘，除了凤头䴙䴘，还有哪些䴙䴘呢？

_____

_____

_____

_____

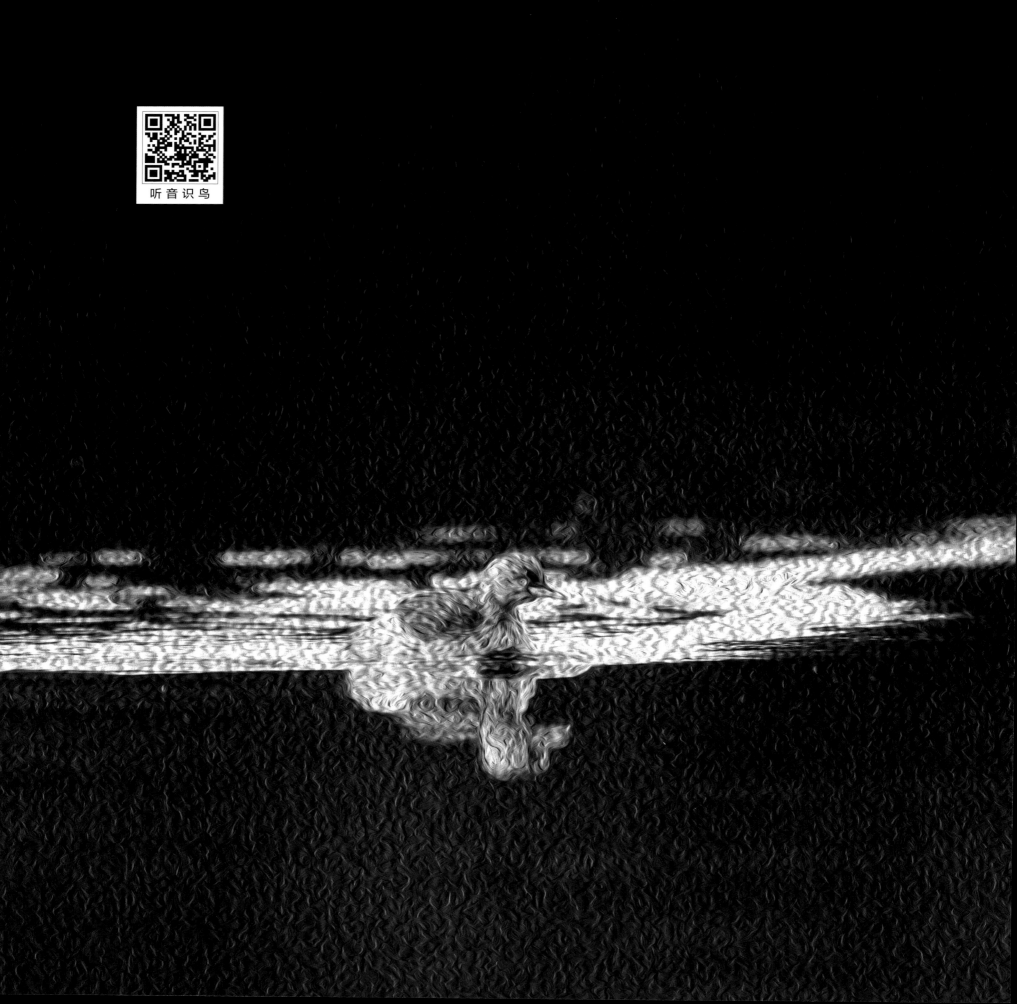

听音识鸟

- 鸟纲

- 鹦鹉目

- 鹦鹉科

"水葫芦"——小䴙䴘

清晨，露珠还在树叶上呼呼大睡，薄薄的晨雾还未完全消散，湿润的空气里传来阵阵叫声，小鸟已经起床了。

突然，芦苇荡中传来一阵响亮的叫声——原来是几只小䴙䴘在追逐嬉戏。它们颈部羽毛是红色的，脑袋顶和背上都是褐色的，嘴巴是黑色的，而且嘴巴基部有一块黄斑，眼睛也是黄黄的。

每年的 5~7 月是小䴙䴘的繁殖期。此时，雄性小䴙䴘会在水面对雌性小䴙䴘展开追逐并发出特有的叫声。

小䴙䴘组成家庭后将迎来另一件重要事情就是筑巢。小䴙䴘一般会在远离岸边且植被较为丰富的地方筑造一个浮巢。巢用芦苇和各种水草制作而成，或者直接把柔软的水草缠绕起来制成。巢好像一个截顶的圆锥体，上窄下宽，漂浮于水面。巢周围丰富的芦苇等植物可以起到很好的掩蔽作用。

巢筑好后，小䴙䴘妈妈就可以产卵了。小䴙䴘每窝产卵 6~7 枚。卵是青灰色的，上面还有一些不规则的黄斑。小䴙䴘的爸爸妈妈轮流孵化这些卵。经过一段时间，小䴙䴘宝宝就逐个破壳了。出生第 2 天，小䴙䴘宝宝就可以到水里游泳啦。

小䴙䴘脚蹼宽阔，善于游泳和潜水。它们生性胆小，常常只在水面活动，遇到危险时，就会展示自己的绝技——"水上轻功"，展开双翅，两脚快速踏水而去。往往你还在注意它们身后留下的圈圈水波之时，小䴙䴘已经扇动着翅膀，一个猛子扎进水里了。潜水，可是它们的另一项特长呢！

小䴘鷉喜欢在食物丰富的湖泊和沼泽地生活，白天出来觅食一些小鱼小虾，到了晚上会在湖边的草丛里休息。

小档案

学　　名：小䴙䴘

家　　族：鸟纲　䴙䴘目　䴙䴘科

外　　形：体长约27厘米。体形较小且矮扁，
　　　　　头上无饰羽，虹膜为黄色，嘴为
　　　　　黑色，脚为蓝灰色。繁殖期：喉
　　　　　部及前颈偏红色，上体呈褐色，
　　　　　下体偏灰，具明显的黄色嘴斑。

生　　境：池塘、水库、湖泊、沼泽等水流
　　　　　较慢的水域。

食　　谱：主要以软体动物、节肢动物和小型鱼类等水生动物为食。

保护级别：国家"三有"保护鸟类。

细心的双亲

亲鸟孵卵期间离巢时，会用巢边的水草将卵盖住，把卵隐藏起来。

水上轻功

小䴙䴘善于游泳和潜水，在水里遇到危险时，会踏水而去。

"水葫芦"

小䴙䴘休息时，常常一动不动地漂浮于水面，像一个落到水里的葫芦一般，所以外号"水葫芦"。

拓展与思考

小䴙䴘和凤头䴙䴘有哪些区别，又有哪些相似之处呢？

- 鸟纲
- 鹈形目
- 鹭科

大白鹭

"吉祥鸟"——大白鹭

　　绿油油的田野上空飞翔着几只白色的鸟，给绿色的大地增添了别样的风采。从望远镜里看过去，这几只鸟通体洁白，脖子特别长，时常呈现"S"形，非常漂亮，可以断定是大白鹭（lù）！我悄悄地绕到离大白鹭较近的地方，竟意外地发现了大白鹭的"家"。

　　大白鹭的巢多在隐蔽条件较好的苇塘深处，部分也会建在离水很近且

20

枝叶繁茂的树上。巢由雌雄鸟共同完成，筑巢的材料选用前一年留下的干芦苇或附近的树枝。巢呈不规则的圆盘状。

"雪衣雪发青玉嘴，群捕鱼儿溪影中。"唐代诗人杜牧所著古诗《鹭鸶》，描绘的就是我们现在所称呼的大白鹭。大白鹭别名鹭鸶、白鹭鸶、大白鹤等，是体形较大的白鹭。在繁殖期，大白鹭背部的蓑羽长且发达，如细丝般披散到尾巴上。在非繁殖期，背部的蓑羽就会褪去。

大白鹭的繁殖期为 4—7 月，1 年繁殖 1 窝，每窝产卵 3~6 枚，最常见的为 4 枚，卵为天蓝色。大白鹭自产出第一枚卵起就开始孵卵，孵化期 25 天左右，由雌雄亲鸟共同承担。雏鸟出壳后由雌雄亲鸟共同喂养，大约 1 个月后可离巢。

大白鹭多在白天活动，主要在浅水处涉水觅食，也常在水域附近慢慢行走，边走边啄食。

　　有些地方的人们相信大白鹭能带来好运，称它为"吉祥鸟"，但大白鹭似乎不喜欢人类，遇人立即飞走，胆子特别小。

小档案

学　　名：大白鹭

家　　族：鸟纲　鹈形目　鹭科

外　　形：比其他白色鹭体形大许多，体长约
95厘米。嘴较厚重，颈部具特别
的扭结，脚为黑色。繁殖期，大白
鹭脸颊裸露皮肤为蓝绿色，嘴为黑
色，腿部裸露皮肤为红色；非繁殖
期，大白鹭脸颊裸露皮肤为黄色，
嘴黄而嘴端常为深色，腿部裸露皮
肤为黑色。

生　　境：栖息于开阔平原和山地丘陵地区的河流、湖泊、水田、海滨、河口及
其沼泽地带。多在开阔的水边和附近草地上活动。

食　　谱：以昆虫以及小鱼、蛙和蜥蜴等动物性食物为主。

保护级别：国家"三有"保护鸟类；河北省重点保护鸟类。

不断修补

大白鹭初期的巢很简陋。不过，在产卵后及整个孵化期间，亲鸟都会对巢不断地进行修补。

数量锐减

大白鹭的羽毛很漂亮，有人为了获得大白鹭的羽毛而捕捉它们。且大白鹭喜欢群居，很容易被大量捕捉。加上砍伐森林等人类活动破坏了大白鹭的栖息环境。目前，野生大白鹭数量锐减。

驼 背

大白鹭站立时头缩于背肩部，呈驼背状，步行时也常缩着脖，缓慢地一步一步地前进。

拓展与思考

为什么大白鹭刚起飞时特别笨拙，到达一定高度后就能灵活飞行了呢？

_____

_____

_____

_____

_____

- 鸟纲
- 鹈形目
- 鹭科

白鹭

观鸟笔记之**白鹭**

"长辫子精灵"——白鹭

"白鹭是一首精巧的诗……那雪白的蓑毛，那全身的流线型结构，那铁色的长喙，那青色的脚，增之一分则嫌长，减之一分则嫌短，素之一忽则嫌白，黛之一忽则嫌黑。"文学家郭沫若曾在散文《白鹭》里这样描述白鹭的外形和身姿。

白鹭体长约 60 厘米，体态纤瘦，全身洁白。在繁殖期，白鹭的背部和胸部生有蓑羽，比较松散，背部的蓑羽可以延长到尾部。

人们很少能看到单独行动的白鹭，因为它们生性就爱热闹，喜欢成散群进食，还喜欢和池鹭等其他鹭类混合居住。

混居生活中，怎么分辨哪个是白鹭的家呢？白鹭的巢和池鹭的巢外观上没什么区别，只是白鹭的巢一般筑在树的最上边，而池鹭的巢则在白鹭巢的底下或周围。

营巢的工作一般要持续 4~6 天，由雌雄白鹭共同完成。开始筑巢时，通常由一只白鹭将选定位置四周的树杈、枝条踩平或折断，整理出巢址，另一只白鹭负责取材和运输，所需要的材料一般是附近树上的残枝。白鹭还会叼取地上的枯枝筑巢，有时候还会叼取其他旧巢

的枯枝。

　　白鹭每窝产卵3~6枚，雌鸟在孵化期会对卵进行翻晾。若卵因受到暴风雨等恶劣天气影响从巢中掉落或翻晾时掉落，雌鸟还能补充产卵。

小档案

学　　名：　白鹭

家　　族：　鸟纲　鹈形目　鹭科

外　　形：　体长约 60 厘米，体形纤瘦。腿为黑色，趾为黄色。繁殖期，枕部有两条带状的长羽，背及胸俱生有蓑羽，脸部裸露皮肤为淡粉色。非繁殖期，带状羽消失，脸部裸露皮肤为黄绿色。

生　　境：　稻田、河流、沙滩、泥滩等。

食　　谱：　主要以各种小型鱼类为食，也吃虾、蟹、蝌蚪和水生昆虫等动物性食物。

保护级别：　国家"三有"保护鸟类；河北省重点保护鸟类。

"小辫子" 不见啦！

白鹭最有特色的是两条带状的长羽，就像小辫子一样垂在脑后。不过，繁殖期结束后，白鹭的小辫子就会消失。

"变 脸"

白鹭脸部裸露的皮肤繁殖期时为淡粉色，等过了繁殖期就变为黄绿色。

拓展与思考

李白的《白鹭鸶》中写道："白鹭下秋水，孤飞如坠霜。心闲且未去，独立沙洲傍。"表达了一种孤单苍凉之感。其实，白鹭可是有着爱热闹的性格呢！

_____

_____

_____

_____

- 鸟纲
- 鹈形目
- 鹭科

观鸟笔记之**苍鹭**

"长脖老等"——苍鹭

清晨，天空中一阵阵"gua——gua——"的声音响起，只见一只只苍鹭，把脖子缩成"S"形，两脚伸展于尾后，从我的头顶上方飞过，落在了眼前的一棵杨树上。猛一看，还以为苍鹭是灰色的，其实不然，它是由白、灰和黑三种颜色组成的大鸟，前额白色，过眼纹和冠羽黑色，并且冠羽上有两条黑色的小辫子。苍鹭肩部的羽毛也很长，飞羽、翼角及两道胸斑为黑色，头侧和颈部为白色，喉下颈部羽毛长如矛状，在繁殖期的时候特别明显，中央有一条黑色的纵纹延伸到胸部。苍鹭身体的其余部分为灰色，虹膜为黄色，嘴为黄绿色，脚偏黑。

苍鹭常常成对或成小群在有芦苇、水草或有树木的水域和沼泽地附近活动，主要以小型鱼类、虾、蜥蜴、蛙和昆虫等动物为食。觅食时，或是分散地沿水边浅水处边走边啄食；或是彼此拉开一定距离独自站在浅水中一动不动，长时间站在那里等候过往鱼群，两眼紧盯着水面，一见鱼类或其他水生动物到来，立刻伸颈啄食。

苍鹭行动极为灵活敏捷，性情沉静而有耐力，有时站在一个地方等候食物长达数小时之久。

苍鹭比较机警，其巢大多营建于高大乔木顶部的细小枝杈之间。它们对巢的利用分两种情况：一种是利用前一年的旧巢，迁来后稍加修补即可栖息、繁殖，所以旧巢一般较大；另一种是前一年繁殖的新个体，迁来后需要另外营建新巢，营巢时，雄鸟寻觅巢材，雌鸟筑巢。巢多为浅盘状、碗状或圆柱状。筑巢的材料一般是就地取材，

主要是附近的乔木、灌木枝条，也有少量的草本植物和藤本植物的枝茎等。有的苍鹭还会在芦苇丛中营巢，将芦苇弯折叠放在一起作为巢基，然后在上面规整地

堆积一些干芦苇和枯草。每个巢营造时间为 1~2 个星期。

学　　名： 苍鹭

家　　族： 鸟纲　鹈形目　鹭科

外　　形： 体长约 90 厘米。过眼纹及冠羽黑色，飞羽、翼角及两道胸斑为黑色，头、颈、胸为白色，颈具黑色纵纹，余部灰色。

生　　境： 栖息于江河、溪流、湖泊、水塘等水域岸边及其浅水处，也见于沼泽、稻田、山地、森林和平原荒漠的水边浅水处。

食　　谱： 主要以小型鱼类、虾、蜥蜴、蛙和昆虫等动物性食物为食。

保护级别： 国家"三有"保护鸟类；河北省重点保护鸟类。

多样化的巢

苍鹭的巢样式多有变化，有碗状、盘状或圆柱状等。

"长脖老等"

苍鹭捕鱼时非常有耐心，伸着长长的脖子，站在河边一等就是好几个小时，所以也叫"长脖老等"。

拓展与思考

除了建造新巢，苍鹭有利用旧巢的习惯。苍鹭的新巢和旧巢有什么区别呢？

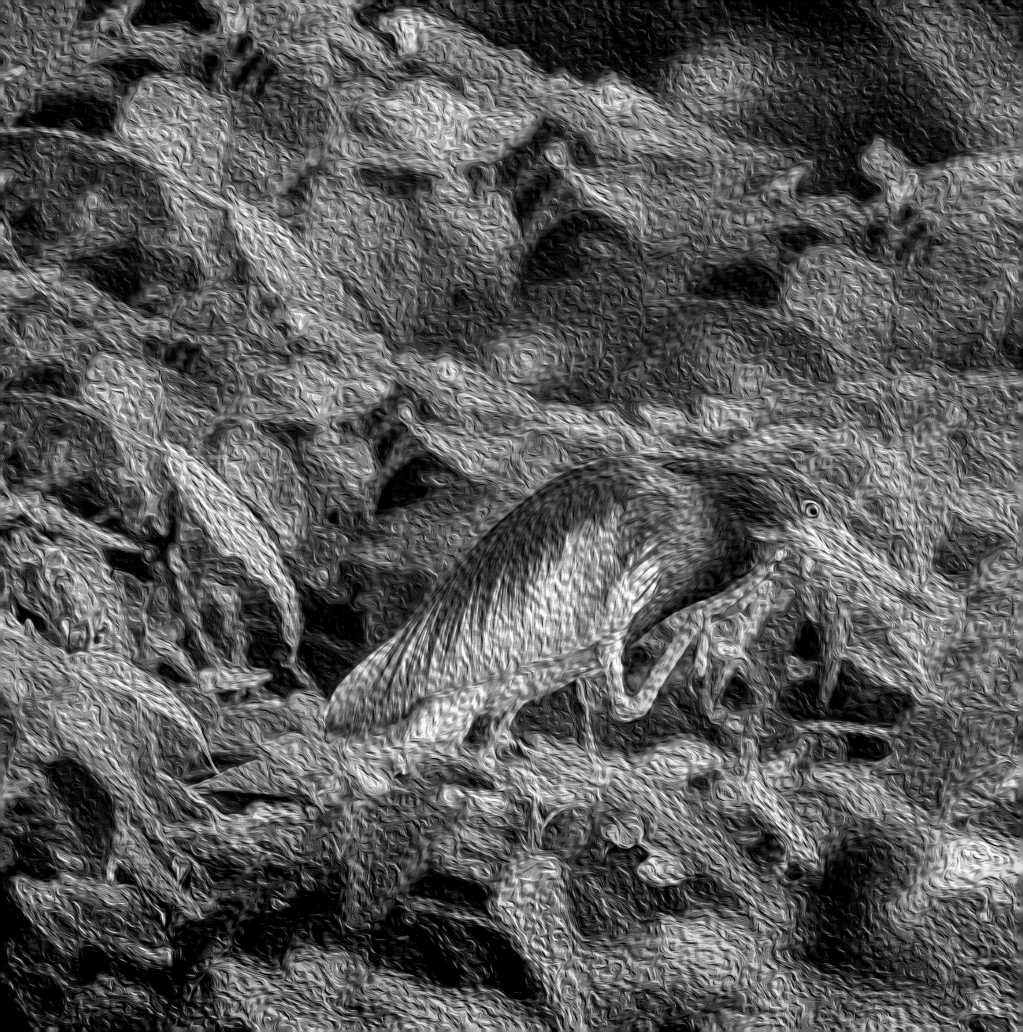

- 鸟纲
- 鹳形目
- 鹭科

池鹭

身披蓑羽的"马大哈"——池鹭

夕阳西下，外出劳作的渔民已经划船归去，鸟儿也陆续归巢，白洋淀的水面慢慢归于平静。淀旁的杨树林里却格外热闹，有好多"gua——gua——"叫的鸟儿。

一排排杨树上有很多鸟巢，数一数，大大小小的巢竟有五十多个。六月正值池鹭的繁殖期。仔细观瞧，此时的池鹭头部和颈部均为深栗色，几条冠羽延伸到背。它们的前胸呈现酱紫色，并且羽毛端部比较分散。背部的蓑羽是黑褐色的，其余则为灰白色。到了非繁殖期，池鹭头顶的颜色会变为白色且有密集的褐色条纹，前胸羽毛呈条纹状的黄色和褐色，背部和肩部的羽毛比繁殖期时短，颜色也变为暗黄褐色。

池鹭喜欢单独行动，偶尔也能看到它们集结成小群活动。池鹭属于鹭科中胆子比较大的，不怎么怕人。它们通常比较安静，争吵时会发出低沉的"gua——gua——"声。

池鹭虽然是个"独行侠"，却也爱热闹，常常和别的鹭混住在一起，比如夜鹭、白鹭、牛背鹭等。池鹭5月产卵，每窝产卵3~6枚。池鹭的巢多搭在高大乔木的树

冠中上层，离主干较远的枝干上，呈浅圆盘状。巢材多为附近的枯枝、枯叶，未见用羽毛。

　　池鹭的巢比较粗糙，恶劣的天气会对它们的巢造成比较严重的破坏。第二年池鹭飞回后很少利用旧巢，一般会搭建新巢。

47

学　　名： 池鹭

家　　族： 鸟纲　鹈形目　鹭科

外　　形： 体形略小，体长约 47 厘米。繁殖
期，头及颈为深栗色，胸为酱紫色；
非繁殖期，头顶颜色为白色且有
密集的褐色条纹，颈部和胸部为
黄色和褐色条纹。

生　　境： 稻田或其他漫水地带，常与其他
水鸟混群营巢。

食　　谱： 以动物性食物为主，包括鱼、虾、水生昆虫等，兼食少量植物性食物。

保护级别： 国家"三有"保护鸟类；河北省重点保护鸟类。

我叫"池大胆"

池鹭与大白鹭、白鹭等其他鹭类不同，它的胆子比较大，不怎么怕人。

"豆腐渣工程"

池鹭的双亲可真是一对"马大哈"。它们搭的巢非常粗糙，往往只用一些小树枝、枯叶子进行搭建。遇到暴风雨袭击时，会有卵或雏鸟坠地的惨象发生。

拓展与思考

　　池鹭的巢非常粗糙，常有卵或雏鸟坠巢。有没有办法能有效保护卵或雏鸟免遭坠巢厄运呢？

- 鸟纲

- 鸻形目

- 反嘴鹬科

黑翅长脚鹬

踩高跷的"红腿娘子"——黑翅长脚鹬

七月的白洋淀格外漂亮，放眼望去，片片绿色的荷叶，朵朵鲜艳的荷花，阵阵荷香扑鼻而来，令人陶醉。突然，几只黑翅长脚鹬（yù）从淀中飞到旁边的水田里，停在田埂上，边走边啄食。

慢慢走到离它们较近的地方时，黑翅长脚鹬突然飞起，在我们头顶上方不停地挥动翅膀，"kip——kip——kip"地叫，我们赶快撤离到远处。确定我们不再靠近后，它们停在距离我们几十米远的地方，观察了一会儿，就飞回巢去了。

我举起望远镜观察它们的巢，发现有几只小黑翅长脚鹬在巢里，它们的颈两侧及腋下裸露无羽，头部、枕部、背部、翅均分布有不规则的黑斑，且背部中央两块黑斑最大。它们走路还不平稳，要用嘴来维持平衡。鸟妈妈可能觉得有危险叫了两声，小黑翅长脚鹬就立刻蹲在巢中，一动不动。

成年黑翅长脚鹬的全身除腿外由黑白两色组成，头顶、颈部和翅膀是黑色的，其他部位是白色的，多栖息于湖泊、浅水塘和沼泽地，也出现于河流浅滩、水稻田、鱼塘等地。

黑翅长脚鹬属于群巢性鸟类。巢呈浅盘状，以芦苇的茎、叶和杂草为主要材料。巢边多饰有小泥片，使巢面略有凹度，有利于卵的集中。繁殖期为5-7月，每窝产卵4枚左右。

　　黑翅长脚鹬主要以小鱼、蝌蚪、虾、昆虫等动物性食物为食。觅食的方式通常是边走边啄食，也能快速奔跑追捕食物，或将嘴插入泥中觅食，还能在齐腹深的水中将头浸入水中觅食。

学　　名：黑翅长脚鹬

家　　族：鸟纲　鸻(héng)形目
反嘴鹬科

外　　形：体长约 37 厘米，嘴细长为黑色，
腿为红色，体羽为白色，翅膀
为黑色，颈背具黑色斑块，虹
膜为粉红色。

生　　境：喜沿海浅水及淡水沼泽地，非繁
殖期也出现于河流浅滩、水稻田、鱼塘、沼泽地带、海岸附近的淡
水或盐水水塘。

食　　谱：主要以甲壳类、昆虫等动物性食物为食。

保护级别：国家"三有"保护鸟类；河北省重点保护鸟类。

"纸 老 虎"

黑翅长脚鹬性胆小而机警，当有干扰者接近时，会不断点头示威，其实只是个"纸老虎"，为了吓住干扰者以便快速飞走。

"红腿娘子"

黑翅长脚鹬一双红腿又细又长，步履轻盈，姿态优美，所以又被称为"红腿娘子"。当遇到危险时，黑翅长脚鹬奔跑速度很快，但姿态就显得有些笨拙啦！

拓展与思考

《说文解字》中提道：鹬，知天将雨鸟也。古人通过观察鹬来预测是否会下雨。现在，观察鹬的生活状态对湿地环境监测有着重要意义。白洋淀的科研工作者将黑翅长脚鹬等鸟类的生活状态作为监测白洋淀生态环境的一个重要指标。

_____

_____

_____

- 鸟纲
- 鲣鸟目
- 鸬鹚科

穿黑衣的"捕鱼高手" ——普通鸬鹚

今天，我们观察到了一群黑色的鸟。它们时而排成"人"字在水面飞翔，时而潜入水中捕鱼。以前只知道"一"字或"人"字形飞翔的鸟群是大雁，观鸟以后才知道，飞翔的鸟群不一定都是雁，今天观察到的是普通鸬鹚（lúcí）。

从远处看，普通鸬鹚几乎周身黑色。仔细观察，普通鸬鹚体长90厘米左右，眼周和喉部裸露的皮肤为黄色，脸部有红色斑，头部两侧和颈侧有白色丝状的羽毛，说明此时正值普通鸬鹚的繁殖期。到了非繁殖期，红斑和白色的丝状羽毛就会消失。

普通鸬鹚擅长游泳和潜水。游泳时，颈向上伸得很直，头会微微向上倾斜；潜水时，普通鸬鹚会先半跃出水面，再翻身潜入水下。普通鸬鹚潜水后，羽毛尽湿，它们会直直地站在石头或者树枝上，张开翅膀晾晒羽毛。

普通鸬鹚喜欢小群体活动，多活动于缓流区或静水区及其附近的地面上。它们很少鸣叫，繁殖期会发出带喉音的咕哝声，群栖时为争夺有利位置也会发出低沉的"咕——咕咕"的叫声。

普通鸬鹚属于群巢性鸟类，经常数百只占据一定区域。它们多在树上筑巢，也会在地面上筑巢。巢的形状随筑巢材料的不同而不同，有浅盘状，也有碗状。

普通鸬鹚有利用旧巢的习惯，先到达的会优先选择较好的旧巢。当旧巢被全部占用，或者旧巢破损不能再用时，它们会筑新巢。筑新巢的工作由雌鸟和雄鸟共同完成。筑巢的材料一般是一些乔木的树枝、各种植物的茎叶，偶尔会有羽毛，但是没有人造物。

普通鸬鹚每窝产卵 3~5 枚，卵为淡蓝色或淡绿色，孵化期为 1 个月，雌雄亲鸟轮流孵卵。雏鸟晚成性，刚孵出时全身赤裸无羽，孵出后 2 周左右，身上才披满绒羽。经过亲鸟喂养约 60 天，幼鸟才能飞翔和离巢。雌雄亲鸟共同育雏，喂食时，雏鸟将嘴伸入亲鸟咽部取食半消化的食物。

小档案

学　　名：　普通鸬鹚

家　　族：　鸟纲　鲣鸟目　鸬鹚科

外　　形：　普通鸬鹚体形较大，体长约 90 厘米。羽毛偏黑色具闪光。繁殖期，头颈部有白色丝状羽，两胁具白色斑块状羽毛。

生　　境：　湖泊中砾石小岛或沿海岛屿，常停栖在岩石或树枝上晾翼。

食　　谱：　主要以各种鱼类为食。

保护级别：　国家"三有"保护鸟类；河北省重点保护鸟类。

结队飞行

普通鸬鹚的飞行能力很强。飞行时，普通鸬鹚会伸直颈和脚并用力振动翅膀，结队飞行。

"嘴到擒来"

普通鸬鹚的嘴很长且先端有锐钩，非常适合捕鱼。一旦发现目标，普通鸬鹚快速潜入水中，追上猎物，用长而带钩的嘴突然袭击，确保"嘴到擒来"。因为具有出色的捕鱼能力，普通鸬鹚也被称为"鱼鹰"或"水老鸦"。

拓展与思考

"晒翅鸬鹚映日斜，倒悬群鸭趁鱼虾。""日暮并舟归，鸬鹚方晒翅。"这两首诗的作者是谁？你还知道有哪些描写鸬鹚的诗词吗？

_____

_____

_____

听音识鸟

- 鸟纲
- 雀形目
- 鹎科

白头鹎

观鸟笔记之**白头鹎**

"百岁老翁"——白头鹎

　　春末夏初的白洋淀多姿多彩，生机勃勃。不管是东边日出西边雨的奇特，还是彩虹横跨蓝天的壮丽，抑或是碧水蓝天、缥缈云雾都令人神往。

　　天还没有完全亮，就听到一声声清脆的鸟鸣。循着声音找去，只见两团黑影在枝头跳跃。光线不好，不能完全看清楚，只能看见头顶上有一点儿白毛。会不会是白头鹎（bēi）啊？稍等了一会儿，太阳出来了，光线好了很多，拿起望远镜仔细看，真是白头鹎！

　　白头鹎也叫白头翁，最显著的特征是脑后的白色羽毛，自两眼上方到脑后为白色，形成一条白色枕环。不光头顶白，喉部也是白色的。特别是当它鸣叫的时候，还弓着腰，真像是一位百岁老翁！

　　白头鹎每年春末夏初开始营巢繁殖。巢通常建在离地面不高的杂木林或树丛上，呈深杯状或碗状，由枯草茎、芦苇、树叶等材料建成。这段期间，常能看到一只白头鹎站在枝头或树顶高声鸣叫，过不了多久，就会有另一只白头鹎飞过来，两只鸟一唱一和，互诉衷肠。

　　白头鹎雌雄亲鸟会共同育雏。白头鹎一窝产卵 3~4 枚，卵多为粉红色，上面有紫色斑点。经过大约两个星期的孵化，雏鸟才能破壳而出。雏鸟刚出壳时，非常脆弱，眼睛还不能睁开，几乎没有羽毛，还可以看见内脏。亲鸟每天轮流给它们喂食。经过大约两周，幼鸟可以出巢随亲鸟活动，20 天左右就羽翼丰满，可以独立生活了。

　　白头鹎多在灌木丛中和小树枝上活

动，生性活泼，常能看见它们在树枝间跳跃，或在相邻树木间飞翔追逐，一般不做长距离飞行。

　　白头鹎是杂食性鸟类，食物主要有各种昆虫、植物的果实和种子。在繁殖季节，白头鹎多以昆虫为食，捕食大量的农林业害虫，是优秀的丛林守护者。

71

学　　名：白头鹎

家　　族：鸟纲　雀形目　鹎科

外　　形：体长约 19 厘米。头顶为黑色且具
羽冠，耳羽后有明显的白斑，上
体呈橄榄色，胸部有灰褐色条纹
但不明显，下体呈污白色，臀部
为白色。虹膜为褐色，嘴近黑色，
脚为黑色。

生　　境：栖息于灌丛、农田、草地、针叶林、果树林和村落等。

食　　谱：主要以各种昆虫成虫及幼虫为食，也食植物的果实和种子等。

保护级别：国家"三有"保护鸟类。

温馨时刻

白头鹎捉到昆虫后，会把昆虫带刺的肢节一一啄下后再喂食雏鸟，自己把这些带刺的部分吃掉。

妙　招

为了更好地躲避天敌，白头鹎亲鸟有个"妙招"，就是把雏鸟的排泄物吃掉，以免天敌闻到气味找到雏鸟。这个习性听起来很不卫生，其实是大自然的生存法则之一。

拓展与思考

白头鹎不仅是自然界的常见鸟，在画作中也常能看到它的身影。宋朝皇帝宋徽宗所作的《腊梅山禽图》中，就画有一对白头翁栖息在腊梅之上，画作题诗为"山禽矜逸态，梅粉弄轻柔。已有丹青约，千秋指白头"。

_____

_____

_____

听音识鸟

鸟纲

雁形目

鸭科

功夫了得的"水上漂"——斑嘴鸭

春天的云淡淡的、白白的,隐隐约约透出几分亮、几分蓝,在这冰雪消融、春风轻抚的季节,一群鸭子纷纷跳进水里,嬉戏玩耍。

瞧,天空中飞来了一群斑嘴鸭!顾名思义,这种鸭子因其嘴端为黄色而得名,其他部位和家鸭没什么区别。所以,人们也叫它"野鸭子"。

斑嘴鸭多营巢于湖泊、河流等水域边的杂草丛或芦苇丛中,以水生植物为食，也吃软体动物和甲壳动物。斑嘴鸭很少潜水，游泳时尾部露出水面。它们喜欢干净，常在水中或陆地上梳理羽毛，精心打扮。

斑嘴鸭的繁殖期为 4–7 月。巢主要由草茎和草叶构成。每窝产卵 9~10 枚，卵呈乳白色，光滑无斑。产卵后，亲鸟会从自己身上拔下最为柔软保暖的绒羽垫于巢的四周。

斑嘴鸭宝宝出壳前，有 1~3 个小时在卵的钝端啄壳。它会先啄开一个小孔，休息一下，接着再次啄壳，直到啄破第一片卵壳。此时"革命"尚未成功，宝宝仍需努力。它会继续按逆时针方向扩展孔洞。待卵壳破开三分之二周长后，斑嘴鸭宝宝颈部、腿同时用力顶开卵壳，尽力向前爬行至全部脱

离卵壳为止。大约经过 10 个小时的努力，它才能破壳而出。

斑嘴鸭雏鸟出壳后不久就能下水游泳并跟着亲鸟活动了。白洋淀的斑嘴鸭是迁徙性鸟类。待到秋季，斑嘴鸭会一起迁徙到南方越冬地。它们会提前换好羽毛，增加羽衣的保暖能力，积累脂肪以储备足够的能量，减少活动节约能量消耗。

小 档 案

学　　名：斑嘴鸭

家　　族：鸟纲　雁形目　鸭科

外　　形：大型鸭类，体长约 55 厘米，体重
1 千克左右。雌雄羽色相似。虹膜
为褐色，脚为珊瑚红，嘴黑且嘴
端黄，因嘴端有黄斑而得名。

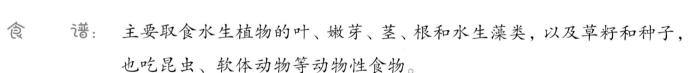

生　　境：主要栖息于湖泊、水库、江河、
沼泽等地带。

食　　谱：主要取食水生植物的叶、嫩芽、茎、根和水生藻类，以及草籽和种子，
也吃昆虫、软体动物等动物性食物。

保护级别：国家"三有"保护鸟类。

伟大的母爱

斑嘴鸭孵卵的任务由鸭妈妈独立承担，孵化期约为 25 天。产卵后，鸭妈妈还会从自己身上拔下绒羽垫在巢的四周，把巢装饰得甚是精致舒适。

晒 太 阳

晒太阳有利于鸭妈妈产卵，到了繁殖期，很多野鸭类的鸟会待在河边或小岛上晒太阳。

拓展与思考

《大雅·凫鹥（fúyī）》是中国古代第一部诗歌总集《诗经》中的一首，其中就有"凫鹥在沙"的描述。凫是野鸭类的水鸟，通过观察斑嘴鸭，你了解"凫"为什么会"在沙"了吗？

_____

_____

_____

_____

鸟纲

隼形目

隼科

红隼

"田鼠杀手"——红隼

　　一年之计在于春，一日之计在于晨。早晨，我们被小鸟"叽叽喳喳"的声音叫醒了。走在田间的小路上，迎面吹来阵阵柔和温暖的风，不知名的小花把田野点缀得美丽动人。突然，两只鸟从眼前飞过，一只追着另外一只，好像在打架。原来是喜鹊和红隼（sǔn），喜鹊追着红隼飞。只见那喜鹊嘴张开，发出沙哑的叫声，长长的尾羽高高上扬，接二连三地发起攻击。很快，又有两只喜鹊加入了追击红隼的战斗，吓得红隼飞来飞去。

其实红隼可是一种小型猛禽，鼻孔圆形，自鼻孔向内可见一柱状骨棍。雌鸟明显比雄鸟大一圈，且雌雄异色。雌鸟遍体棕红色，头、颈及腹部具黑色纵纹，背部及尾羽有黑色横斑。雄鸟除背、腹部黑纹较小外，头、颈及尾羽皆为灰色，尾羽仅尾端有一条粗黑的横斑。

红隼以捕食田鼠为主，也捕食小型鸟类。据统计，一只红隼每年可捕食田鼠1400只，是一种有益的猛禽。

红隼的"家"比较简陋，由枯枝构成，内垫有草茎、落叶和羽毛。繁殖期为4-8月，每窝产卵3~6枚，隔1~2天产1枚卵。如果巢卵被破坏，通常会再产一窝，但数量明显减少。雌鸟承担主要孵卵任务，雄鸟承担护卫任务，偶尔也替换雌鸟孵卵，孵化期为28~30天。

红隼宝宝刚出生时体重仅13~14克，穿着白色的"衣服"，长相很特别，头有点儿大，脖子很细，勉强可以摇头，处于爬卧状态。10天后，小宝宝们就换"衣服"了。羽毛变为淡灰色。经过亲鸟30天左右的照顾，小宝宝们就能离巢了。

学　　名：红隼

家　　族：鸟纲　隼形目　隼科

外　　形：小型猛禽，体长约33厘米。雌鸟遍体棕红色，头、颈及腹部具黑色纵纹，背部及尾羽有黑色横斑。雄鸟除背、腹部黑纹较小外，头、颈及尾羽皆为灰色，尾羽仅尾端有一条粗黑的横斑。

生　　境：在森林、草原、开垦耕地、草地、林缘、疏林和有稀疏树木生长的旷野、河谷和农田地区都可以看到它们的身影。

食　　谱：以小型鸟类及昆虫为主要食物，也吃松鼠、蛇等小型脊椎动物。

保护级别：国家二级保护动物。

比利时国鸟

红隼是比利时的国鸟。

团结就是力量

红隼属于小型猛禽，但经常被喜鹊追着跑。其实不仅是红隼，没有什么鸟敢去招惹喜鹊，因为喜鹊善于集体行动。可见，团结就是力量。

拓展与思考

隼和鹰都属于猛禽，它们有什么区别，又有什么相似之处呢？

听音识鸟

- 鸟纲
- 雀形目
- 伯劳科

红尾伯劳

雀形目中的"小猛禽"——红尾伯劳

　　清晨，燕子在水面上开心地跳舞，鸭子在水里"嘎嘎嘎"地叫着。微风吹过，荷花散发着阵阵花香，道路两旁的柳树随风摇摆。今天，我们来拜访红尾伯劳一家。红尾伯劳的家就在淀旁的柳树上，从远处看，它们的巢像一只小碗，开口倾向于向阳的一面。

　　雌鸟在巢里卧着，雏鸟在窝里开心地叫着。过了一会儿，雄鸟衔着小虫

子飞回来了，站在巢边。雌鸟从雄鸟的嘴里接过小虫子喂给幼鸟吃。温馨的场面真感人！

红尾伯劳体长约 20 厘米，是一种喉部白色、身体淡褐色的伯劳。它们主要栖息在灌丛、疏林和林缘地带，繁殖期的主要食物是昆虫，捕食的昆虫大多数为害虫，益虫极少，因而是一种农林益鸟。红尾伯劳喜欢吃蝼蛄、蝗虫和地老虎，偶尔也会捕食蜥蜴。

雌鸟和雄鸟会共同筑巢，巢的基部用一些较粗糙的草茎、细枝等铺垫，还会把树皮撕成细丝衬在巢内，再铺些羽毛、细纤维等，一周左右就能筑造完成。

红尾伯劳筑好巢后第二天开始产卵，1年繁殖1窝。红尾伯劳每天产卵1枚，卵为椭圆形，每窝产卵5~7枚，偶尔有8枚的。卵产齐后即开始孵化，雌鸟负责孵卵，雄鸟负责警戒和觅食。幼鸟离巢后仍由亲鸟喂食一段时间，特别是离巢的头几天，仍会回巢中留住。亲鸟觅食归来后会在离巢1米左右处鸣叫，招引幼鸟取食。幼鸟离巢取食后仍回到巢中，16~18天后，才不再回巢。

小档案

学　　名：红尾伯劳

家　　族：鸟纲　雀形目　伯劳科

外　　形：中等体形，体长约 20 厘米。喉白，前额灰，眉纹白，宽宽的眼罩黑色，头顶及上体为褐色，下体为皮黄色，虹膜为褐色，嘴为黑色，脚为灰黑色。亚成鸟似成鸟，但背及体侧具深褐色细小的鳞状斑纹。

生　　境：栖息于开阔的耕地、河谷、湖畔等地的稀矮树丛和灌丛中。

食　　谱：喜欢捕食飞行中的昆虫或猛扑地面上的昆虫和蜥蜴等小动物。

保护级别：国家"三有"保护鸟类。

94

干净的家

红尾伯劳特别爱干净。亲鸟会把雏鸟的粪便等清理到巢的外面，让家里干干净净的。

跳 舞

红尾伯劳筑巢时，每次把衔回的巢材用完后，都会沿着筑巢的树枝跳动几次才飞出去，继续寻找巢材。

拓展与思考

红尾伯劳捕捉到猎物后不是马上吃掉，而是将猎物挂于树的尖枝权上，然后撕食内脏和肌肉等柔软部分。幼鸟生来就具有将食物挂在尖刺物上撕食的本能。

_____

_____

_____

_____

听音识鸟

- 鸟纲
- 鸡形目
- 雉科

"七彩山鸡"——环颈雉

"嘎嘎嘎嘎嘎"，一只大鸟扑棱着翅膀飞了起来，把我们吓了一大跳。循着响亮的叫声悄悄寻找，原来是一只环颈雉（zhì）。这只环颈雉好漂亮啊！眼周红红的，翅灰灰的，颈是绿色的，还有一圈白环，尾长长的，尾上还有黑色的横纹。

当然，不是所有的环颈雉都拥有这么一身斑斓的色彩，这是一只雄性环颈雉。雌性环颈雉的羽毛一点儿都不出众，颜色比较暗，头部没有肉冠。

环颈雉非常善于隐蔽，即便是羽毛色彩艳丽的雄性环颈雉，也很难被发现踪迹，只能通过叫声来寻找。

环颈雉的繁殖期在 3—7 月，南方较北方早些。在白洋淀，夏天是环颈雉的繁殖季。在此期间，雄性环颈雉会圈出一定的区域作为自己的领地，常常在领地中鸣叫，警告其他雄性环颈雉不要踏足它的地盘。漂亮的雄鸟还会围着雌鸟来回走动，边走边叫。靠近雌鸟时，雄鸟会将远离雌鸟一侧的翅向上伸出，同时竖直尾羽，头部的冠羽更是高高竖起。这种炫耀羽毛的行为是雄鸟向雌鸟求偶的表现。环颈雉是"一雄多雌制"的鸟类，一只雄鸟会有数只配偶。

当地盘和配偶都稳定的时候，环颈雉就开始筑巢并繁殖下一代了。 环颈雉会在林地或农田的隐蔽处筑巢。它们的巢属于极简风格，在地面上弄出一个碗状的浅坑，再往坑里衔上一些树叶和枯草，把巢垫得稍微软一些就可以产卵了。北方的环颈雉，基本 1 年只繁殖 1 窝，1 窝产卵 6~22 枚。南方的环颈雉，1 年可能会繁殖两窝。

小环颈雉成长很快，用不了多久，

它们就能跟着亲鸟进行短距离飞行练习，并很快掌握藏匿的技巧，所以我们在野外很难看到它们的身影。

101

学　　名： 环颈雉

家　　族： 鸟纲　鸡形目　雉科

外　　形： 体长约85厘米。虹膜为黄色，嘴
为角质色，脚略显灰色。雄鸟体
羽艳丽多彩，有明显的耳羽簇，
眼周皮肤裸露，呈鲜红色，颈部
绿色，且具明显的白环。雌鸟体
形较小，体羽颜色暗淡，浅褐色
斑纹遍布周身。

生　　境： 开阔山林、草地、低山丘陵、农田、沼泽草地和林缘灌丛等地。

食　　谱： 以植物的种子、浆果和昆虫为食。

保护级别： 国家"三有"保护鸟类。

南北不同

北方的环颈雉基本 1 年只繁殖 1 窝，南方的环颈雉一般 1 年会繁殖两窝，但每窝卵数比北方环颈雉少，且卵的大小在南北也有较大差异。

保护环颈雉

环颈雉因为羽毛色彩艳丽，经常被当作野外捕猎对象。2000 年，环颈雉被收录到《国家保护的有益的或者有重要经济、科学研究价值的陆生野生动物名录》中。请不要捕捉野生环颈雉，让它们自由生活吧！

拓展与思考

科研工作者近年来发现，雄性环颈雉距的长度与其所拥有配偶的数量明显相关。距是雄性环颈雉的跗跖上短而锐利的部分，是雄性环颈雉之间格斗攻击的主要武器。看来，雌环颈雉是"看脚选伴侣"的。

听音识鸟

- 鸟纲
- 佛法僧目
- 翠鸟科

"蓝色闪电"——普通翠鸟

清晨，芦苇丛随着微风摇曳，发出"沙沙"的响声，让人感到格外的舒爽。河面上似有一道蓝色闪电划过，这抹蓝色停留在不远处的芦苇秆上后，我们仔细一看，原来是只普通翠鸟。此刻它像蓝色精灵一样随着微风在芦苇秆上摇晃着。

普通翠鸟的个头非常小，大概只有15厘米。仔细看，这只蓝色的精灵并非通体为蓝色，它的上体呈浅蓝绿色，颈侧有一道白斑状羽毛，下体为橙棕色。普通翠鸟的嘴又粗又直又长，脚又红又短。

人们通常用"静如处子，动如脱兔"来形容普通翠鸟，是因为以鱼类为食的它们喜欢停留在小树枝、芦苇秆上，静静地注视水面等待捕捉食物。只见普通翠鸟停留在芦苇秆上一动不动，眼睛始终注视水面，发现水中有小鱼游过，便像一道闪电划过，迅猛地扎进水里。普通翠鸟抓到鱼后，并不着急吃下去。它们通常把鱼衔到树枝或者石头上反复摔打，直到小鱼不再动弹，再"优雅"地整条吞食。

普通翠鸟喜欢单独活动，只有到了繁殖期才能看到它们成对出现。

普通翠鸟的繁殖期为5-8月，它们通常会在距离水域比较远的土坎或沙土沟壁上筑巢。筑巢的过程中，雌雄鸟会分工合作，轮流用嘴啄土，然后再用脚把土扒到洞外。它们的巢穴内部很简单，只铺设自身的羽毛和松软的沙土。洞圆形，呈隧道状，洞口有小灌丛遮挡，隐蔽性极好。

普通翠鸟虽然属于留鸟，但它们1年也仅仅繁殖1窝，每窝约产卵5~7枚。这些蛋宝宝，由雌雄亲鸟轮流孵化，经过20天左右的时间，雏鸟陆续破壳而出。普通翠鸟的雏鸟晚成性，孵出后需亲鸟抚育20~30天才能离巢。

小档案

学　　名：普通翠鸟

家　　族：鸟纲　佛法僧目　翠鸟科

外　　形：体形较小，体长约 15 厘米。上体为金属般浅蓝绿色，下体橙棕色，颈侧具白色条斑，虹膜为褐色，脚为红色。雄鸟嘴为黑色，雌鸟上喙黑色，下喙呈橘黄色。

生　　境：开阔郊野的淡水湖泊、溪流、运河、鱼塘及红树林。

食　　谱：以小型鱼类为主，兼吃水生昆虫和少量水生植物。

保护级别：国家"三有"保护鸟类。

悬停空中

普通翠鸟能鼓翼飞翔在距离水面5~7米处，好像悬停在空中，俯头注视水面。一旦发现猎物，普通翠鸟便迅速而凶猛地扎进水里捕捉。

"火眼金睛"

普通翠鸟捕鱼本领极强，因为它有一项"特异功能"。进入水中后，普通翠鸟能迅速调整水中光线造成的视角反差，所以水下视力极佳。

拓展与思考

　　"点翠工艺"是我国特有的一项金银首饰传统制作工艺。通过点翠工艺制作出的首饰光泽感好，色彩艳丽。这其中的"翠"就是翠鸟的羽毛。现在，翠鸟成为国家"三有"保护鸟类，手工匠人找到了翠鸟羽毛的代替品进行仿制，如今的仿点翠首饰已不再用翠鸟羽毛制作。

· 鸟纲

· 雁形目

· 鸭科

小天鹅

"白衣仙子"——小天鹅

今天的天气特别好，明媚的阳光照耀着大地，黄色的小花随风摇曳，偶有花瓣随风飘落，水面倒映着天上的白云，有块白色的"云团"在水面快速移动着，"划"出一片生机。原来，是一群小天鹅轻盈地掠过水面，优雅地慢慢降落。它们有着长长的脖颈，纯白的羽毛，黑色的脚和蹼。

正是小天鹅迁徙的季节，可以看到好多小天鹅成双成对地停歇，也能看到还没结对的雄鸟为争夺雌鸟而争斗。

到达目的地后，小天鹅就开始忙碌了。它们喜欢在芦苇丛中筑巢，将芦苇或干草铺垫在巢的底部，有时还会垫一些绒羽，使巢内更柔软和保暖。一般来说，小天鹅每窝的产卵数为5~7枚，卵为白色。孵卵的任务主要由雌鸟承担，雄鸟会一直保持警戒。经过一个月左右，小天鹅宝宝就会破壳和爸爸妈妈见面了。小天鹅宝宝破壳后，很快就可以随着爸爸妈妈到处走动。再过一个多月，小天鹅宝宝就可以随爸爸妈妈在空中飞翔了。

小天鹅主要以水生植物的根、茎和种子等为食，也兼食少量水生昆虫、螺类和小鱼等动物性食物。它们性格比较活泼，叫声响亮而清脆，似"叩，叩"的声音，不像大天鹅喇叭一样的叫声。

小天鹅在中国的种群数量曾经很丰富，但目前数量较少。虽然狐狸等天敌会吃掉一部分小天鹅，但并不会给小天鹅的种群带来太大影响。主要是环境污染和围湖造田等人类活动导致了小天鹅的栖息地和食物日益减少，极大地影响了小天鹅的生存。小天鹅已被列入《国家重点保护野生动物名录》，属于国家二级保护动物。

学　　名： 小天鹅

家　　族： 鸟纲　雁形目　鸭科

外　　形： 体长约 110 厘米。与大天鹅较为相似，小天鹅同样拥有长长的脖颈、纯白的羽毛、黑色的脚和蹼，但身体比大天鹅稍小一些，颈部和嘴比大天鹅略短。嘴为黑色，黄色仅限嘴基两侧，向前延伸最多至鼻孔，而大天鹅嘴基的黄色可延伸到鼻孔之下。

生　　境： 栖息于湖泊、水库、沼泽地和开阔河口的水草和芦苇着生区。

食　　谱： 主要以水生植物为食，也食部分水生动物。

保护级别： 国家二级保护动物。

"V" 形

小天鹅结群飞行时常成"V"形。

集体行动

小天鹅常成小群或家族群觅食，觅食之前常先有一对不断地在觅食地点的上空盘旋侦察，确认没有危险的时候才开始觅食，觅食期间还不时地伸长颈部观察四周，行动极为谨慎小心。

拓展与思考

如何区分小天鹅与大天鹅？它们有什么相似之处？列表对比一下吧！

听音识鸟

- 鸟纲

- 雀形目

- 鹡鸰科

爱摇尾巴的小萌萌——白鹡鸰

夏季的午后特别热，我们走在淀旁的路上，一棵棵高大的树木为我们遮住了阳光。"zi——ling" "zi——ling"阵阵清脆的声音划破了夏日的宁静，给炎热的午后带来了生机。路上不远处有一只很小的鸟儿在欢快地蹦着跳着。它站定时，长长的尾还不时地上下晃动，像个灵动的舞蹈家。

这个小家伙并不怕人。慢慢靠近也没有让它飞走，它还是继续晃动着尾巴。细细观瞧，只见这小家伙全身由黑、白、灰三色组成。上体灰色，下体白色，双翅是黑白相间的，头后、颈部、背部和胸部都有黑色斑纹。它的虹膜是褐色的，嘴和脚都是黑色的。

白鹡鸰(jí líng)分布广泛，栖息环境多样化。靠近水域的开阔地带、稻田、溪流边、道路上、路边小洞、屋檐下、房屋墙洞等地方都有它们活动的踪迹。

白鹡鸰主要在溪流旁边、居民院落、农田、平地河谷、果园、草地等地方觅食，会在屋顶、溪涧巨石、电线、田埂、水沟土坎、路面等地方短暂停息。它们的食物大多是动物性食物，主要以昆虫为食，偶尔也会吃植物的种子和浆果等植物性食物。科研工作者经研究发现，它们所取食的昆虫，85%以上是农林害虫。

白鹡鸰的巢多建在临水的地方。选择巢址的时候，由雌鸟进入洞内探查，雄鸟守在洞口或者洞口附近的树枝上，观察两到三天后才开始筑巢，雄鸟和雌鸟都会参与筑巢。巢呈浅杯形，外部由枯草根和枯叶组成，内部由细草根组成，再铺垫一些羽毛和棉絮等柔软物。

白鹡鸰每窝产卵 3~5 枚，每天产卵 1 枚。卵呈椭圆形，白色，表面光滑，有紫褐色斑点。在卵的钝端斑点较为密集。雌雄亲鸟轮流孵卵，以雌鸟为主。

小档案

学　　名：白鹡鸰

家　　族：鸟纲　雀形目　鹡鸰科

外　　形：中等体形，体长约 20 厘米。上体灰色，下体白色，两翼及尾黑白色相间，虹膜为褐色，嘴和脚为黑色。

生　　境：近水的开阔地带、稻田、溪流边及道路上。

食　　谱：主要以昆虫为食，偶尔也吃植物的种子、浆果等植物性食物。

保护级别：国家"三有"保护鸟类。

波浪式飞行

白鹡鸰飞行时不沿直线飞，而是一上一下地呈波浪式飞行。

不喜欢上树

雀形目的鸟大多喜欢在树上跳来跳去，但鹡鸰科的大多数鸟，当然包括白鹡鸰，却是异类。它们极少上树，而是喜欢在地上走来走去，一会儿慢慢地溜达，一会儿快速地走。

拓展与思考

　　白鹡鸰的英文名字来自于它的一项特技——"摇尾巴"。不论干什么，白鹡鸰的尾巴都会上上下下地摇动。它的英文名字是什么呢？

_____

_____

_____

_____

- 鸟纲
- 雁形目
- 鸭科

赤麻鸭

观鸟笔记之**赤麻鸭**

"机警王"——赤麻鸭

七月的天似娃娃的脸，说变就变。刚刚还是乌云密布，狂风大作，转眼间就蓝天白云，晴空万里。阳光正好，微风扫过，水面泛起阵阵涟漪。空气里的草木香，诉说着大自然的记忆。成群的鸟儿在空中飞翔，书写着大自然的新篇章。

突然，水边出现了一抹红。仔细看，原来是一群赤麻鸭正在淀旁休息，悠闲地晒太阳。两个月前的赤麻鸭还是很忙碌的，雄鸟和雌鸟来回走动，确定伴侣关系。关系确定后，它们会在草地上筑巢。先在窝底铺一些枯草，再在枯草上铺一层较厚的绒羽，这样巢内就会比较柔软，能对卵起到保护作用。

雌性赤麻鸭一般1年产1窝卵，每天产卵1枚，每窝产卵8~15枚。如果第一窝卵因为种种原因未能成功孵化，也有产两窝卵的时候。当卵的数量达到要求后，雌鸟才开始孵化。孵卵期间，雄鸟会在巢的附近警戒巡逻。一旦发现危险，雄鸟就会发出响亮的鸣叫声来提醒雌鸟。雌鸟出去觅食的时候，会用绒羽将卵覆盖，保护它们。

孵化大约一个月后，赤麻鸭宝宝就能呼吸到新鲜的空气了。这些赤麻鸭宝宝破壳的时候全身就长满了绒羽，可以跟爸爸妈妈一起去游泳。在这期间，我们经常能看到，赤麻鸭爸爸妈妈带着一群小赤麻鸭在湖中游泳并觅食。再过一段时间，小赤麻鸭就开始学习飞翔了，天空中也有了它们一起玩耍的身影。

　　赤麻鸭的食物品种很多，有昆虫、蚯蚓、小虾、小蛙和小鱼等动物性食物，也包括多种水生植物。小赤麻鸭吃得多，成长快。它们必须抓紧时间，积聚能量，等到秋天的时候，集体飞到温暖的地方越冬。

小档案

学　　名： 赤麻鸭

家　　族： 鸟纲　雁形目　鸭科

外　　形： 体长约 63 厘米。体羽主要为赤褐
色，翼镜呈铜绿色。雄鸟的头部
为棕白色，夏季有狭窄的黑色领
圈，尾上覆羽及尾下覆羽均为褐
色，翼下覆羽为白色。虹膜为褐色，
嘴为近黑色，腿为黑色。

生　　境： 内陆河流、湖泊及沼泽地等区域，尤其喜欢草原湖泊。

食　　谱： 主要以莎草科及禾本科植物为食，也吃水生无脊椎动物和小型鱼类
等动物性食物。

保护级别： 国家"三有"保护鸟类。

边飞边叫

赤麻鸭是迁徙性鸟类。繁殖地的冰雪刚开始融化时，它们就成群从越冬地迁来。赤麻鸭多集成大群，呈直线或横排队列飞行前进，边飞边叫，场面非常壮观。

细心的爸爸

孵卵期间，当和赤麻鸭妈妈一起外出觅食后，赤麻鸭爸爸会先陪着赤麻鸭妈妈飞回巢中，然后才离开巢，栖息于巢的附近，担任警戒任务。真是一个超级细心的爸爸呀！

拓展与思考

　　赤麻鸭亲鸟特别爱护雏鸟。有资料说，雏鸟孵出后通常是由亲鸟从巢区背到水域的。还有摄影师曾经拍摄到一只赤麻鸭为了保护雏鸟，在空中追逐一只猛禽的照片。究竟如何，一起去观鸟吧！

· 鸟纲

· 鸻形目

· 鸻科

凤头麦鸡

头上长角的"绅士"——凤头麦鸡

一群乌鸦从眼前飞过，黑压压的一片。真是"天下乌鸦一般黑"啊！还没来得及仔细看这群乌鸦，两只凤头麦鸡很潇洒地落在不远处的草地上。凤头麦鸡头顶有细长而稍向前弯的黑色冠羽，特别醒目。胸部有宽阔的黑色横带，腹部为白色。我赶快拿起望远镜仔细观察它们，天哪，后边还跟着几只。

我想看清楚一点儿，往前走了几步，就被发现了。那些小家伙跑得特别快，它们的爸爸妈妈飞在我头顶上方，来回叫个不停。见我还没有离开，它们直接拉下屎来，幸好我躲得快，没落到身上。

凤头麦鸡雌鸟和雄鸟基本相似，但雌鸟的头部羽冠稍短，喉部常有白斑。凤头麦鸡的食物因季节不同而略有变化，春季食昆虫、水生蠕虫及甲壳动物；夏季食昆虫和蛙类等。除了动物性食物，它们还会吃一些植物的种子和嫩叶。凤头麦鸡属于夜间捕食量较大的动物，在夜间食物的摄入量能占全天一半以上。繁殖期的雄鸟会表现出明显的领域行为。

凤头麦鸡多选择在水边区域营巢，有时也把巢建在田边或荒地。营巢后7~10天

开始产卵，每天产卵1枚，每窝产卵3~5枚。卵呈梨形，灰绿色或米灰色，上有黑褐色斑点。凤头麦鸡处的环境、天气条件、食物等不同导致卵的大小会有差异，较大的卵会孵化出较强壮的小宝宝，并且较大的卵相比较小的卵有更高的孵化率。

卵产齐后开始孵化，雌雄鸟轮流承担孵卵重任，以雌鸟为主，孵化期25~28天。雏鸟早成性，出壳后全身就长满绒羽，眼睛也已经睁开，第二天就能离巢行走。

小档案

学　　名：　凤头麦鸡

家　　族：　鸟纲　鸻形目　鸻科

外　　形：　体长约30厘米。头顶有细长且稍向前弯的黑色冠羽，像角一样，非常醒目。胸部有宽阔的黑色横带，腹部白色，背和肩为暗绿色。

生　　境：　湖泊、水塘、沼泽、溪流等水边区域。

食　　谱：　主要吃昆虫，也吃虾、蜗牛、蚯蚓等动物性食物，还吃杂草的种子和植物的嫩叶。

保护级别：　国家"三有"保护鸟类；国家二级保护动物；《世界自然保护联盟濒危物种红色名录》近危种。

机警宝宝

凤头麦鸡的小宝宝特别机警，遇到危险后先急速奔跑，然后隐藏在杂草根部不动，亲鸟则在空中来回飞行鸣叫，引开敌人。

陋 室

凤头麦鸡的巢特别简陋，就地采用地上原有的凹坑或将泥土扒成一个圆形的凹坑，内无铺垫或只垫少许草茎和草叶。

飞 不 高

凤头麦鸡非常喜欢飞行，经常能看到它们在空中上下翻飞。遗憾的是，它们的翅扇动得缓慢，飞不高。

拓展与思考

凤头麦鸡喜欢生活在水边，它们会游泳吗？

- 鸟纲

- 鹤形目

- 秧鸡科

头顶白斑的"小野鸭"——骨顶鸡

　　清晨的微风就像妈妈的手，暖暖的。水里的芦苇在微风的吹拂下不停地摇晃着。到白洋淀坐船观鸟去！我们穿好救生衣上了船，小船慢慢悠悠地前进，大家都把手伸到水里玩儿，突然，远处的芦苇丛里游出两只"鸭子"。透过望远镜观察，它们全身黑色，头顶有明显的白斑，游泳时尾部下垂，头还不断地前后摆动，像极了小野鸭。原来是骨顶鸡！

骨顶鸡也叫白骨顶。虽然被称为"鸡"，但是它其实是一种中型游禽。骨顶鸡喜欢在有水生植物的大面积静水区域活动，并在开阔水域边的芦苇丛或水草丛中筑巢。

　　骨顶鸡的繁殖期为5-7月，雌雄鸟共同完成筑巢工作。巢比较简陋，呈圆台状，巢材多为就地取材。它们先把芦苇或蒲草折弯后搭在周围的芦苇或蒲草上，再堆集一些截成小段的芦苇和蒲草就算筑巢完成了。虽然巢和周围的芦苇或水草缠在一起，不是独立漂浮在水面，但仍可随水面的升降而起伏。

　　巢筑好后，雌鸟就能安心产卵了。雌鸟每天产卵1枚，通常每窝产卵5~10枚。卵为尖卵圆形或梨形，青灰色、灰黄色或浅灰白色，有棕褐色斑点。孵卵由雌雄亲鸟轮流承担，孵化期为24天左右。雏鸟早成性，刚出壳时全身被有黑色绒羽，出壳当天就能下水游泳。

　　骨顶鸡属杂食性动物，主要以水生植物为食，也吃昆虫、软体动物等动物性食物。

它们喜欢在稀疏的芦苇丛中穿梭，也喜欢在芦苇或水草旁的开阔水域游泳。游泳时，骨顶鸡的尾垂到水下，不时地晃动身子，并不住点头。

除繁殖期外，骨顶鸡常成群活动，特别是到了迁徙的季节，经常能看到数十只，甚至上百只的大群。

145

小 档 案

学　　名：骨顶鸡

家　　族：鸟纲　鹤形目　秧鸡科

外　　形：中型游禽，体长约 40 厘米。头具白色额甲，翅短而圆，体羽为全黑或暗灰黑色，多数尾下覆羽为白色，趾间具瓣蹼。雌雄相似，雌鸟额甲较雄鸟小。

生　　境：有水生植物的大面积静水区域或近海水域。

食　　谱：杂食性。主要以水生植物为食，也吃昆虫、软体动物等动物性食物。

保护级别：国家"三有"保护动物。

146

助跑起飞

骨顶鸡大部分的时间都在水中活动，遇到危急情况时，能迅速起飞。起飞时，它们需要先在水面助跑。它们通常贴着水面或苇丛低空飞行，两翅迅速扇动，发出"呼呼"的声响。

潜水能手

骨顶鸡善游泳，能潜水，遇到敌害能较长时间潜水。

拓展与思考

既然骨顶鸡是一种游禽，为什么会被称为"鸡"呢？它和家鸡有什么相同之处呢？

_____

_____

_____

_____

_____

听音识鸟

身披"黄金甲"——黑枕黄鹂

　　清晨的田野弥漫着隐隐约约的白雾，走在其中好似漫步仙境。我们正沉醉在这片湿润清新的天然氧吧之中，耳畔传来一阵奇特的鸟叫声，婉转而嘹亮，还时不时变换腔调。会是什么鸟呢？转眼间，两只黄色的鸟划过天空，落在不远处的杨树上。仔细观瞧，是黑枕黄鹂。

　　它们身披"黄金甲"，站在树梢上神采奕奕，红色的嘴后面，黑色羽毛从眼圈一直连到了脑后，翅和尾上也有几撮黑色的羽毛，更添俏丽。正欣赏着，两只鸟纵身一跃飞到了更远的枝头上。我们急忙往前追，想多看两眼，却再也找不着了……

黑枕黄鹂也被称为黄鹂、黄莺、金衣公子等。每年的4-5月，黑枕黄鹂陆续从南方飞回北方，通常在高大的乔木上营巢，极少在地面活动。它们的巢呈吊篮状，主要以枯草、树皮纤维、麻等材料建造而成。营巢前，雌雄黑枕黄鹂会一前一后在树丛间飞翔鸣叫，寻找营巢地点。黑枕黄鹂领域性很强，若有别的黄鹂侵入，会飞起而攻之。

黑枕黄鹂1年繁殖1窝，每窝一般产卵4枚，卵呈椭圆形，粉红色，被有红褐色、灰紫褐色斑点或条形斑纹。经15天左右的孵化黑枕黄鹂宝宝才能破壳而出。

雏鸟属晚成鸟，刚出生时，全身肉红色，除头部和腰部有少量羽毛，其他均裸露，离不开爸爸妈妈的照顾。雌雄亲鸟共同育雏，每天早上开始喂食，傍晚以后不再喂食。晚上，雌鸟与雏鸟同在巢中，雄鸟在附近的小树上歇息。亲鸟每天平均喂食大约100次，所以，雏鸟成长很快，约16天就能离巢。不过，雏鸟离巢后仍需亲鸟喂食几天。

学　　名：黑枕黄鹂

家　　族：鸟纲　雀形目　黄鹂科

外　　形：体长约 26 厘米。通体呈金黄色，过眼纹及颈背、尾部为黑色，外侧尾羽具宽阔的黄色端斑，虹膜为红色，嘴为粉红色，脚近黑色。

生　　境：阔叶林、村落和公园等地的高大乔木上。

食　　谱：主要以昆虫为食，也吃植物的种子及果实等。

保护级别：国家"三有"保护鸟类；河北省重点保护鸟类。

睁不开眼

刚出生的黑枕黄鹂眼睛睁不开，看不见东西，经过一周左右才能真正看见它身处的环境。

美丽惹的祸

由于黑枕黄鹂羽色艳丽，鸣声婉转，所以常被捕捉，作为观赏鸟放到笼子里。可是，黑枕黄鹂不喜欢被笼养啊！

好 声 音

繁殖期间，黑枕黄鹂常隐藏在树梢枝头鸣叫，清晨鸣叫最为频繁，叫声清脆婉转。

拓展与思考

黄鹂是一种漂亮而富有诗意的鸟，受唐朝诗人杜甫的喜爱，他曾写下脍炙人口的诗句"两个黄鹂鸣翠柳，一行白鹭上青天""映阶碧草自春色，隔叶黄鹂空好音"，来赞扬黄鹂鸣声婉转动听。关于黄鹂的诗句，你还知道哪些呢？

_____

_____

_____

- 鸟纲
- 雁形目
- 鸭科

鸿雁

易危的"信使"——鸿雁

秋天到了，收获的喜悦洋溢在每个角落。田里的水稻，园子里的水果，农民伯伯的笑脸都在告诉我们这是一个丰收的季节。白洋淀里的大鱼略显笨拙地游动，小鱼小虾快速地四处巡逻，享受着秋日的阳光。

不远处的水面上有三四只"鸭子"在戏水。仔细观察一下，它们的嘴是黑色的，头顶和后颈都是棕色的，腿是粉红色的，屁股白白的。原来它们不是鸭子，是鸿雁！它们很怕生，我们稍微靠近了一些，它们就飞走了。真是遗憾，真想多看一会儿啊！

秋天是鸿雁迁徙的季节。它们在迁徙的途中，会在沼泽地或者湖泊周围的草地等地方停下来歇一歇，找些吃的来补充体力。

在繁殖期，鸿雁会在湖泊周围的草地、芦苇丛中或沼泽地等生境筑巢。它们筑巢的地方通常是植被比较茂密的僻静处。筑巢的材料主要是干草。如果在沼泽地筑巢的话，还会找一些干芦苇来垫巢。巢的中间是向下凹的，为了让巢内更加柔软舒适，它们还会垫上一些绒羽，这样也更加保暖。鸿雁每窝会产卵 4~8 枚，卵是乳白色或者淡黄色的。雌鸟负责孵卵。在孵卵过程中，雄鸟会一直在附近守护，保持警戒。

大概 1 个月左右，这些鸿雁宝宝就全部破壳而出了。在爸爸妈妈的带领和护卫下，宝宝们开始学习游泳和觅食。一旦发现危险，不能快速远离时，鸿雁爸爸妈妈会护送宝宝隐蔽到草丛或芦苇中。

到了秋天，鸿雁就会集体向南迁徙。飞行时，鸿雁颈向前伸直，脚贴在腹下，一只接着一只，排成"一"字或"人"字形，边飞边叫，声音洪亮、清晰。途中休息时，会有几只"哨鸟"站在较高的地方引颈观望，如感到危险会高叫一声后立即飞起，其他鸿雁也跟着立刻起飞。

学　　名：　鸿雁

家　　族：　鸟纲　雁形目　鸭科

外　　形：　体长约 90 厘米，属大型水禽。嘴
　　　　　　基处有一道白线环绕，头顶至后
　　　　　　颈为棕褐色，侧颈和前颈为棕白
　　　　　　色，飞羽为黑色，虹膜为褐色，
　　　　　　嘴为黑色，腿为粉红色，脚为深
　　　　　　橘黄色。雌雄相似，但雌鸟较雄
　　　　　　鸟略小，嘴基的疣状突也不明显。

生　　境：　湖泊及河流沿岸、沼泽地、稻田和潮汐泥滩等地。

食　　谱：　以草本植物的叶、芽和藻类等植物性食物为食，也吃少量甲壳动物
　　　　　　和软体动物。

保护级别：　国家"三有"保护鸟类；河北省重点保护鸟类；国家二级保护动物；《世
　　　　　　界自然保护联盟濒危物种红色名录》易危种。

不能飞

鸿雁换羽时，飞羽几乎同时脱下。所以在更换羽毛的一段时间内，鸿雁是没有飞翔能力的。这段时期，它们会离开幼鸟，找一个偏僻的地方停歇。

易 危

鸿雁现在已经属于易危物种，有着较高的灭绝危险，我们应该努力保护它们，杜绝猎杀鸿雁。

假装受伤

在孵卵期间，一旦有其他动物靠近，让雄鸟感到危险，它就会装作受伤的样子吸引"敌人"的注意力，把这些侵入者引开后再偷偷返回巢的附近。

拓展与思考

鸿雁迁徙时常常呈"一"字形或"人"字形，是秋日晴空里不可缺少的景象。古人常常用鸿雁传书来代表通信往来，写下了大量有关鸿雁的诗词。当代有一首著名的歌曲叫《鸿雁》，唱的就是草原上的鸿雁，让我们一起唱吧！

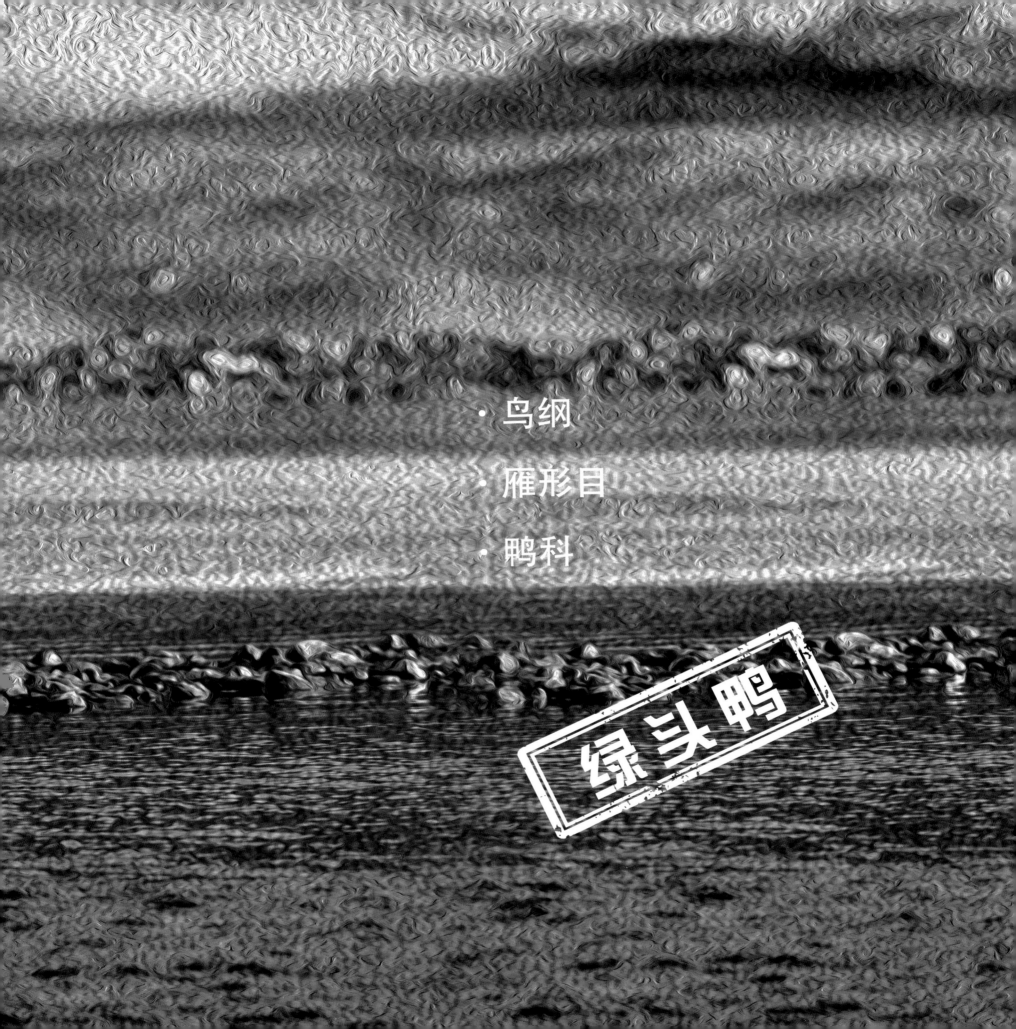

- 鸟纲
- 雁形目
- 鸭科

绿头鸭

爱干净的"翡翠鸭"——绿头鸭

　　清晨，我们与一群绿头鸭不期而遇。它们或在岸边休息，或在开阔的水面上翘着尾巴游来游去，鸣叫声响亮而清脆。绿头鸭属于迁徙型鸟类，在越冬地时已经基本完成配对，所以在北方几乎看不到绿头鸭的求偶行为。

　　绿头鸭外形大小和家鸭极相似，雄性绿头鸭身上的色彩十分丰富，头部、颈部为绿色，颈上有一圈白色的斑纹，翅膀上有一处亮蓝紫色的"翼镜"。

和雄鸟不同的是，雌鸟全身是黄褐色的，仔细看，一条浅色纹线从它的嘴角穿过眼睛，延伸到颈部，这就是它的贯眼纹。

绿头鸭属于杂食性鸟类，多在清晨和黄昏觅食。它们的主要食物是水草等植物性食物，也吃甲壳类和软体动物等动物性食物。秋季迁徙期间，它们常到收割后的农田觅食散落在地上的谷物。

和其他鸭类不同的是，绿头鸭的筑巢环境极其多样。在湖泊、河流等水域岸边的草丛或芦苇丛中，在河岸岩石上，在大树的树杈间，甚至是农民的玉米秸垛上，都可能有绿头鸭的巢。绿头鸭的巢主要由枯草的茎和苔藓筑造。

筑巢完成后，绿头鸭妈妈就开始产卵了。每窝产卵7~11枚，卵为白色或灰绿色。绿头鸭妈妈负责孵卵，孵化期为24~27天。雏鸟早成性，雏鸟出壳后不久就能跟随亲鸟活动和觅食了。

刚出生的绿头鸭宝宝全身布满黑色绒毛，眼睛已经睁开。先出壳的小宝宝眼睁睁地看着妈妈，好像在暗示妈妈，自己已经很饿了。可是，绿头鸭妈妈并不会管它。没过多久，小宝宝们全都破壳而出了。这时，绿头鸭妈妈才带着宝宝们一起去下水游泳觅食。绿头鸭宝宝们一只接一只跟在鸭妈妈的身后，像一支浩浩荡荡的队伍，乖巧而可爱！

167

小档案

学　　名： 绿头鸭

家　　族： 鸟纲　雁形目　鸭科

外　　形： 体长47~62厘米。雄鸟头颈为深
绿色，颈环白色，有蓝色"翼镜"。
绿头颈、白项圈、卷尾羽是雄性
绿头鸭的三个典型特征。雌鸟头
顶至枕部为黑色，两翅具蓝色"翼
镜"，贯眼纹为褐色。

生　　境： 水生植物丰富的湖泊、河流、池塘、沼泽等水域中。

食　　谱： 属杂食性鸟类。主要以植物性食物为食，也吃水生昆虫和软体动物
等动物性食物。

保护级别： 国家"三有"保护鸟类。

爱干净

绿头鸭像美丽的小姑娘一样，非常喜欢干净，常在水中或陆地上梳理羽毛，精心打扮。睡觉和休息时，它们还会互相照看。

词牌名

《绿头鸭》是词牌名之一，又称为《跨金鸾》等。平仄两体，共 139 字。

拓展与思考

生物学家研究发现，绿头鸭睡眠时可睁一只眼闭一只眼。这个习性有利于它们逃脱天敌的捕食。这是科学家发现的动物对睡眠状态进行控制的首例证据，很多问题尚需继续研究。关于动物的睡眠，你还想了解什么？

- 鸟纲
- 鸽形目
- 鸠鸽科

"花翅膀"——山斑鸠

春回大地，万物复苏，花草树木焕发出勃勃生机，小动物们在田野上追逐嬉戏。昆虫发出"嗡——"的响声，鸟儿发出"叽叽喳喳"的叫声，在这散发着花香的农田里欢唱。突然，一阵"kroo——kroo——krookroo"的悦耳声音传来，原来是两只山斑鸠（jiū）。

山斑鸠也叫山鸠、大花鸽，上体有深色扇贝状羽缘，颈基两侧有明显的黑白相间的条纹，下体偏粉色，尾羽近黑色，尾梢浅灰。它们常常以谷类为食，如高粱谷、粟谷，也吃樟树籽核等。山斑鸠一般成小群活动，雌鸟与雄鸟外形非常相似，难以辨认。看到成对活动的山斑鸠时，它们可能是一对恩爱夫妻。这个时候，如果一只鸟受到伤害，另一只鸟惊飞后会回到原地上空盘旋鸣叫，给同伴助威，以吓退侵入者。

山斑鸠多在开阔的田野、村庄、房屋前后或小沟渠附近活动，而多在针阔混交林和阔叶林等处筑巢。山斑鸠有了自己的爱巢后，它们的小宝宝很快也就降临了。

山斑鸠繁殖期为 4-7 月，一般年产两窝，每窝产卵两枚。卵为白色，椭圆形，光滑无斑。山斑鸠常在靠近树主干的枝杈上筑巢，巢呈盘状，由细的枯树枝缠绕交错堆集而成，结构较为松散，且巢内仅垫少许树叶、苔藓和羽毛，或什么都不垫。所以，从树下仰头看，常常可看到巢中的卵或雏鸟。

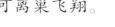

孵卵的重任由雌雄亲鸟共同承担，轮流孵化。孵卵期间它们日夜伏巢，非常辛苦。经过 18 天左右，小宝宝们就会破壳而出。雏鸟晚成性，刚出壳时，身上仅有稀疏的黄色毛状绒羽，由雌雄亲鸟共同抚育，经过 18~20 天的喂养，才可离巢飞翔。

山斑鸠非常喜欢在地面活动，它们经常会小步且迅速地在地面上行走。山斑鸠的头也会跟着前后摆动，非常活跃，一边走一边觅食。

学　　名：山斑鸠

家　　族：鸟纲　鸽形目　鸠鸽科

外　　形：体长约32厘米。上体具深色扇贝状羽缘，颈基两侧具有明显的黑白色相间的条纹，下体偏粉色。

生　　境：多在开阔农耕区、村庄及房屋周围和小沟渠附近活动。

食　　谱：多以带壳谷类为食，也食用樟树籽核等。

保护级别：国家"三有"保护鸟类。

滑翔机

山斑鸠在飞翔时，两翅会快速频繁地扇动。有时候，山斑鸠从树上飞向地面时，会偷懒将翅伸直，滑翔下去。

鸽 乳

在育雏期间，山斑鸠亲鸟会从嗉囊中吐出半消化的乳状食物，由雏鸟把嘴伸入亲鸟口中取食。这种半消化的乳状食物就是"鸽乳"。

拓展与思考

珠颈斑鸠在食性、活动区域和夜间栖息环境等方面与山斑鸠基本相似，那么，珠颈斑鸠和山斑鸠的区别是什么呢？

_____

_____

_____

_____

- 鸟纲

- 鹳形目

- 鸥科

飞行健将——须浮鸥

　　清晨，一阵小雨过后，地面变得湿滑，还不至于泥泞。走在乡间的小路上，耳边不时传来各种各样的鸟鸣声，有的婉转动听，有的短而急促，交织在一起，演奏一首美妙的清晨乐曲。

　　我们边走边欣赏，不一会儿就来到了淀边上。水面成片的荷花含苞待放，嫩绿的芦苇也随风摇摆着，时不时会有几个船夫驾着小船划过水面，在芦苇

丛中穿梭。数不清的鸟儿在空中自在地飞翔。

　　不过，我们现在最想见到的是须浮鸥。我在心里默念："须浮鸥，快出来，我们交个朋友吧，好不好？"我的默念奏效了，我们果真看到了几十只须浮鸥在离水面大约 5 米的空中盘旋。突然，其中一只一头扎入水中，很快就衔着一条小鱼上来，向远处飞去。现在正是须浮鸥的繁殖季节，它肯定是带小鱼回去喂小宝宝了。

　　须浮鸥的繁殖期为 5-7 月，它们常在开阔的水面筑巢，巢的四周通常没有隐蔽物，也没有明显的巢区，常常有数十到上百个巢聚在一起。巢为浮巢，呈圆形，从正面看，好像一个个碟子在水面漂浮。筑巢时，先用芦苇、蒲草等水生植物当底，再垫上一些藻类植物，巢中湿度较大。

　　筑好巢后，雌鸟开始产卵。每窝产卵 3~5 枚，卵为梨形，颜色为绿色、天蓝色

或浅土黄色，上面有浅褐至深褐色斑点，以钝端斑点较大，尖端较小。孵卵的重任由亲鸟共同承担，轮流孵化。

雏鸟出壳后，亲鸟常将小鱼直接放进雏鸟张开的嘴里，也会放在巢边待雏鸟自己去啄食，应该是在训练雏鸟的取食能力。

须浮鸥在水面和沼泽地上觅食，也在漫水地和稻田上空觅食。取食时，会扎入浅水或掠过水面。

我们沿着水边，走走停停，茂密的芦苇点缀着水面，仿佛一个天然的大舞台，须浮鸥好像专门为我们表演一样，不时地飞过。看着它们不停地飞来飞去，寻找食物，我感悟颇多。我们眼里自由的鸟儿，其实也是要为下一代不停觅食，就像父母为了我们不辞劳苦一样。

学　　名：　须浮鸥

家　　族：　鸟纲　鸻形目　鸥科

外　　形：　体长约 25 厘米。头顶有细纹，尾开叉，顶后及颈背为黑色，下体为白色，翼、颈背、背及尾上覆羽为灰色。繁殖期额黑色；非繁殖期额白色。

生　　境：　开阔平原湖泊、水库、河口、海岸和附近沼泽地带。

食　　谱：　主要以小鱼、虾和水生昆虫等水生动物为食，也吃部分水生植物。

保护级别：　国家"三有"保护鸟类。

悬浮不动

须浮鸥飞行轻快而有力，频繁地在水面上空振翅飞翔，有时能保持在一定地方振翅飞翔而不动位置，悬浮在空中。

叫声沙哑

须浮鸥常成群活动，叫声沙哑，为断断续续的"kitt"或"ki—kitt"的声音。

拓展与思考

须浮鸥的卵表面有浅褐至深褐色斑点，钝端斑点较大，尖端较小。白鹎鸽的卵表面有紫褐色斑点，也是钝端较为密集。为什么斑点大多集中在钝端呢？还有哪些鸟的卵也是这样的？

_____

_____

_____

听音识鸟

- 鸟纲
- 鹈形目
- 鹭科

夜鹭

"夜精灵"——夜鹭

芦苇随风摇摆，荷叶在水面翩翩起舞，一朵朵荷花展开了笑容，小鱼在荷叶下开心地捉迷藏，小田螺趴在水草上，感受着淀水对它的抚摸。我们的小船在水上自由地漂荡，行至渔民捕鱼的鱼桩时，我们看见了几只漂亮的小精灵，是夜鹭。

只见它们一只只都站立在木桩上，缩着脖子，驼着背，像老爷爷一样站

在那儿，一动不动。过了一会儿，其中一只开始梳理羽毛，有的开始在荷叶上来回走动。

夜鹭喜欢栖息和活动于平原和低山丘陵地区的溪流、水塘、江河、沼泽和水田附近的大树、竹林，白天常隐蔽在沼泽、灌丛或林间，晨昏和夜间常结伴成小群活动，2~5只排成一排，边飞边鸣叫，主要以鱼、蛙、虾、水生昆虫等动物性食物为食。

夜鹭体形比较粗胖，脖子很短，嘴前端微微向下弯曲，全身主要有黑、白、灰三种颜色，枕部后面有2~3条较长的白色带状羽毛，像小辫子一样。

夜鹭喜欢和别的鹭混居，比如白鹭、牛背鹭等。它们的巢有两种。一种是利用旧巢加以修整而成，一般最早迁徙到筑巢地的夜鹭会占据较完整的旧巢。如果找不到合适的旧巢，它们会营造新巢，主要材料是从附近衔来的枯枝。巢的结构很简陋，边缘参差不齐，如果遇到暴风雨，卵和雏鸟很容易掉下来。

190

小档案

学　　名：夜鹭

家　　族：鸟纲　鹈形目　鹭科

外　　形：体长约 60 厘米。头大而体壮。顶
冠为黑色，颈及胸为白色，颈背
具两条白色丝状羽，背为黑色，
两翼及尾为灰色，虹膜为鲜红色，
嘴为黑色，脚为污黄色。

生　　境：平原和低山丘陵地区的溪流、水
塘、江河、沼泽和水田地上附近的大树、竹林等处。

食　　谱：主要为鱼、蛙、虾和水生昆虫等动物性食物。

保护级别：国家"三有"保护鸟类；国家二级保护动物。

夜 游 鹤

夜鹭通常在黄昏后从栖息地结成小群出来，三三两两地在水边浅水处涉水觅食，也单独伫立在水中树桩或树枝上等候猎物，眼睛紧紧地凝视水面。清晨太阳出来以前，它们陆续回到树上隐蔽处休息。因此人们有时候还会亲切地称它们为"夜游鹤"。

杂 毛

夜鹭宝宝刚出生时头顶着一团杂毛，和头戴漂亮饰羽的爸爸相比，真是太丑了。但是在夜鹭爸爸妈妈的眼里，它们是全世界最可爱的宝宝。

拓展与思考

夜鹭的巢很简陋，如果遇到暴风雨，卵和雏鸟很容易掉下来。像夜鹭这样粗心的父母还有谁呢？

_____

_____

_____

_____

- 鸟纲
- 雁形目
- 鸭科

"中国官鸭"——鸳鸯

　　俗话说："一年之计在于春。"春天悄悄地来了，处处春意盎然。春风给新钻出地面的小草披上了绿衣。偶尔跃出水面的小鱼甩动尾巴，溅起朵朵水花。远处水边的石头上停着一只羽色鲜艳华丽的"鸭子"。再三辨别，我们确认那是一只雄性鸳鸯。常言道，鸳鸯都是成对出现的，怎么会只有一只呢？好像读懂了我们的疑问，又一只"鸭子"飞到了那块石头上，正是一只雌性鸳鸯！

鸳鸯其实是雌雄两种的统称。"鸳"一般指雄鸟，而"鸯"则指雌鸟。雌雄鸳鸯很容易区分。雄性鸳鸯的嘴为红色，羽色鲜艳华丽，眼后有着宽阔的白色眉纹，翅上有一对栗黄色扇状直立羽，像帆一样立于后背；雌性鸳鸯的嘴则为黑色，头和整个上体的羽毛灰褐色，眼周有白色的绒羽，连着一条细细的白色眉纹。

"随遇而安"是鸳鸯在大自然中掌握的生存技巧。鸳鸯属于杂食性鸭类，在食物丰富的季节，主要以小鱼、甲壳动物和昆虫为食。到了食物匮乏的迁徙时期，鸳鸯主要以青草、种子及草根为食。为了更好地捕获食物，鸳鸯多栖息于河流、湖泊、沼泽等处，且成群活动。

鸳鸯的繁殖期较长，为每年的4-9月。在离水边较近的天然树洞中，经常会看到正在巢中忙碌的鸳鸯夫妻。繁殖期的雌性鸳鸯会每天早上产卵1枚，每窝产卵7~8枚。经过28~30天的孵化，鸳鸯宝宝就出壳了。

鸳鸯宝宝破壳时就长满了绒羽，出壳后第二天就可以离巢下水游泳了，但80天后才能飞翔。

鸳鸯生性机警且胆小，饱餐之后返回住处时，常常先有一对鸳鸯在巢的上空盘旋侦察，确认没有危险后才招呼其他同类落下歇息。如果发现异常情况，就发出尖细的"哦儿，哦儿"的报警声，与同伴们一起迅速逃离。

学　　名： 鸳鸯

家　　族： 鸟纲　雁形目　鸭科

外　　形： 体长 38~45 厘米。雄鸟嘴为红色，脚为黄色，羽色鲜艳而华丽，眼后有宽阔的白色眉纹，翅上有一对栗黄色扇状直立羽像帆一样立于后背。雌鸟嘴为灰色，脚为黄色，头和整个上体为灰褐色，眼周为白色。

生　　境： 多栖息于河流、湖泊、沼泽等处。

食　　谱： 属杂食性鸭类。繁殖季节，主要以小鱼、甲壳动物和昆虫为食；迁徙时期，以青草、种子及草根为食。

保护级别： 国家二级保护动物。

鸳和鸯

鸳鸯属合成词。人们常认为鸳和鸯不分离，鸳鸯是爱情的象征。其实不然，鸳鸯在每年的3月末4月初迁到繁殖地时是成群活动的。随着天气逐渐变暖，到了繁殖期，鸳和鸯才逐渐成对活动。

离巢仪式

鸳鸯雏鸟离巢很有"仪式感"。亲鸟会在巢里展开歌喉鸣叫一小时左右才飞出，到水里以后继续鸣叫。雏鸟先是"叽叽"地回应，然后利用锐利的爪慢慢爬到洞口，一只一只地跳到树下，快速跑到水中，在亲鸟的呵护下尽情畅游。

拓展与思考

鸳鸯经常出现在中国古代文学作品和神话传说中，被称为"中国官鸭"。《诗经·小雅·鸳鸯》中就有"鸳鸯于飞，毕之罗之"的诗句。司马相如在《琴歌》中以鸳鸯比喻夫妻；王逸在《九思·怨上》中以鸳鸯比喻贤者；曹植在《释思赋》中以鸳鸯比喻志同道合的兄弟。

飞鸟掠影

八哥

北红尾鸲

大鸨

208

豆雁

大山雀

东方大苇莺

黑卷尾

红喉歌鸲

红胸田鸡

214

鸿雁

215

黄鹡鸰

218

黄雀

黄头鹡鸰

灰鹡鸰

棕头鸦雀

震旦鸦雀

普通秋沙鸭

金翅雀

罗纹鸭

麻雀

翘鼻麻鸭

太平鸟

小太平鸟

喜鹊

文须雀

小田鸡

凤头麦鸡

238

灰头麦鸡

山斑鸠

240

珠颈斑鸠

棕扇尾莺

灰头绿啄木鸟

纵纹腹小鸮

成长记录·棕扇尾莺 >>>>

听音识鸟

1. 一人多高的芦苇荡里，有棕扇尾莺可爱的家。

2. 它们的窝像一个开口朝上的大鸭梨，毛茸茸的，温暖极了。

3. 嘘——，千万不要吵到在蛋壳里睡觉的棕扇尾莺宝宝。

4. 宝宝们破壳而出啦！它们的羽毛还没有长出来，此刻很脆弱。

5. 破壳是个体力活，棕扇尾莺宝宝饿得张大了嘴等待喂食。

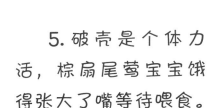

6. 一星期之后，棕扇尾莺宝宝长出了羽毛，像一个个的小刺猬。

7. 棕扇尾莺妈妈正在芦苇荡里寻找营养又美味的食物，它可是个劈叉高手呢！

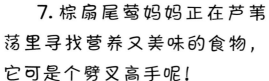

8. 找到食物后的棕扇尾莺妈妈马上赶回家，将最新鲜的食物带给孩子们。

9. 棕扇尾莺幼鸟站在苇梢，远远看见妈妈，张大了嘴等着开饭！

1. 这片树林就是夜鹭选定的家啦！

2.在这座"爱情公寓"里，两只夜鹭相遇了……

3.浪漫的二人世界即将变成一个热闹的大家庭。

4. 蛋壳里的宝宝由亲鸟共同呵护和孵化。

8. 宝宝们张大嘴巴等着吃美味的小鱼。

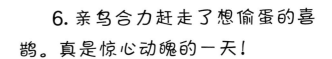

6. 亲鸟合力赶走了想偷蛋的喜鹊。真是惊心动魄的一天！

5. 一只喜鹊偷偷潜入了夜鹭的巢穴，宝宝们有危险！

7. 夜鹭宝宝终于破壳而出啦！

9. 羽翼渐丰的宝宝们，站在枝头等着觅食回家的爸爸妈妈。

10. 宝宝们每天努力学习飞翔本领。宝宝们渐渐长大，新的故事即将展开……

成长记录 · 苍鹭 >>>>>

1. 湿地附近苍翠松树上住着苍鹭一家。

2. 爸爸妈妈为了迎接苍鹭宝宝的出生，正在修葺鸟巢。

255

3. 苍鹭宝宝破壳而出啦!

4.苍鹭宝宝的胃口很好。

5. 苍鹭宝宝开始学习生存技能——飞翔。

摄影器材简介 >>>>

现在，观鸟爱好者越来越多，观鸟经验越来越丰富以后，觉得需要留下影像记录，记忆才会更深，所以，拍鸟的人越来越多啦！但要把鸟拍清晰不是一件简单的事，不仅需要具备一定的鸟类知识和拍摄技巧，而且需要有专业的机器设备——鸟类摄影器材。

下面就来介绍一下拍摄鸟类时常用的器材。

一、相机

拍鸟对相机的连拍速度、对焦速度的要求比较高，建议使用全画幅相机，不建议使用对焦速度跟不上连拍速度的机型。连拍速度3张/秒（低速）、12张/秒（高速）、14张/秒（超高速），比较适合拍鸟。

二、镜头

因为野生鸟类距离摄影者距离都比较远，所以所用镜头必须是长焦镜头，比如 400mm F2.8、500mm F4、600mm F4、800mm F5.6 等。

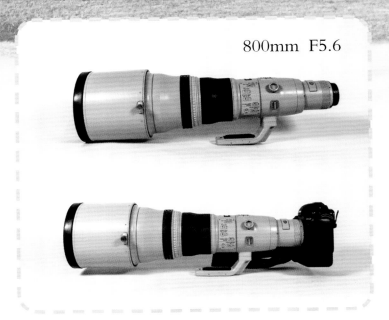

800mm F5.6

三、三脚架

三脚架主要为相机镜头提供稳定的支撑，没有稳定的支撑很难拍出清晰的鸟类摄影作品。尽管手持拍摄对于拍鸟，尤其拍飞鸟是比较灵活的，但长焦镜头加上全画幅机身很重，一般人手持拍摄坚持不了几分钟。这就决定了三脚架腿管的粗细，为了设备的安全和镜头的稳定，再考虑到拍鸟这种户外活动的环境，粗管碳纤维三脚架是不二选择。

四、云台

拍鸟的云台要求极高，除了要求云台锁定后能稳定支撑设备，还要求云台具有一定的灵活性。摄像机使用的液压云台被广大鸟类摄影师发现并广泛使用。

五、豆袋

野生鸟类是不太好接近的，它们怕人但不怕车，所以车拍就成了野生鸟类摄影不可或缺的方式。车拍时，三脚架就失去了优势。而豆袋可以架在车窗上，避免镜头与车窗之间磕碰摩擦，也起到了很好的支撑作用。豆袋很好制作，缝制一个外皮，填充一些粮食，比如豆子、大米都可以。

六、伪装帐篷和迷彩服

　　为了有效地接近鸟类，不对鸟造成惊吓，做好有效隐蔽很重要。躲进伪装帐篷、穿上迷彩服是有效的办法。

伪装帐篷

心有翅膀，自会高飞（代后记）

——致爸爸妈妈们的一封信

尊敬的爸爸妈妈们：

你们好！

曾经掏过鸟窝的小捣蛋已为人父；曾经唱着"小燕子，穿花衣"的小女孩儿已成超人一样的妈妈。教育专家说过："陪伴孩子成长的最好办法就是你也变成孩子。"希望这本书能够成为让你们回到过去的时光机，勾起你们更多的童年回忆。

"关关雎鸠，在河之洲。""鸳鸯于飞，毕之罗之。"近三千年前的《诗经》里就有大量关于鸟类的描述；《说文解字》中有"鹬，知天将雨鸟也"，古人通过观察鹬的生活状态来预测天气；更有"两个黄鹂鸣翠柳，一行白鹭上青天"这样脍炙人口的名句……这些飞翔在蓝天中、驻停在枝头上的"妙音精灵"，自古便是人类的好朋友。它们象征着希望，象征着自由，象征着美丽，象征着和平，象征着爱情……

在现代科学研究中，鸟类更是常被用作生态系统健康评价的指标。特别是湿地鸟类，对所处地区生态与环境状态的变化反应十分敏感。因此，湿地鸟类的分布、数量、生物多样性等特征与生态系统生物完整性密切相关。

白洋淀湿地自然保护区是华北平原上最大的淡水湿地。由于所处地理位置独特，白洋淀在涵养水源、缓洪滞沥、调节区域间小气候、维护生物多样性方面起着重要作用，被誉为"华北之肾"。

坚持节约资源和保护环境的绿色发展理念已经列为基本国策。希望本书能够有助于提高少年儿童对鸟类知识的求知欲，引导启发他们从小勤于观鸟，培养他们与鸟类共生存的爱心，从而令他们热爱大自然、保护大自然，珍爱我们共同的家园。

书中那一幅幅灵动传神的鸟类图片，凝结着李新维老师数十年的心血。我们历时两年多，从上万张图片中精选出 26 种鸟，邀请河北大学生命科学学院、河北大学鸟类保护协会的老师们结合自己的观鸟感受写出了观鸟笔记，整理出一份独特的鸟类小档案，还给出了有趣的拓展知识和启迪孩子思考的小问题。每每听着老师们如数家珍地介绍他们和鸟儿的故事，我们真切地感受到了他们对这些鸟儿的热爱。

我们精选出 13 种鸟儿的叫声，或婉转或清丽或高昂或低沉……不仅可以让孩子们更近距离、更真实感知鸟儿，也能让这些鸟儿用声音把曾经的美好捎给你们。同时，我们还精选了 33 种鸟以鉴赏的方式呈现在书中。希望这些精美的图片和真实的声音能够激发起小读者的探索欲望和观鸟的兴趣，也希望能够唤醒你们内心深处的记忆。你们和孩子们放下了笔记本电脑、手机，拿起望远镜，追随着鸟儿的脚步，从城市到郊区，翻过崇山峻岭，踏过江河湖海，去感受春日里绿意盎然筑巢忙，去感受夏日里万紫千红嬉戏乐，去感受秋日里深沉肃穆学本领，去感受冬日里千山暮雪迁徙去……让孩子们的童年更加绚丽多彩！

望本书能得到你们的认可和喜爱，能够带给你们和孩子更多更有意义的亲子时光！

本书编写组

2019 年 7 月 1 日

听音识鸟 >>>>

扫一扫 · 听一听 · 连一连

听音识鸟

听音识鸟

听音识鸟

听音识鸟

听音识鸟

听音识鸟

听音识鸟

听音识鸟

听音识鸟

听音识鸟

听音识鸟

听音识鸟

听音识鸟

我给鸟儿回封信

图书在版编目（CIP）数据

家住白洋淀：我的观鸟笔记 / 河北大学生命科学学院，河北大学鸟类保护协会文；李新维，赵俊清摄. —石家庄：河北少年儿童出版社；保定：河北大学出版社，2019.8
ISBN 978-7-5595-2376-1

Ⅰ. ①家… Ⅱ. ①河… ②河… ③李… ④赵… Ⅲ. ①鸟类—少儿读物 Ⅳ. ①Q959.7-49

中国版本图书馆CIP数据核字(2019)第117155号

家住白洋淀——我的观鸟笔记

河北大学生命科学学院　河北大学鸟类保护协会 /文　　李新维　赵俊清/摄

选题策划　段建军　李雪峰　孙卓然
责任编辑　李　璇　李欣潞　霍　晨
美术编辑　李欣潞
特约编辑　贾雪静　张　帆
音频制作　赵俊清
手绘插图　李欣潞
封面设计　尚雅娟
装帧设计　翰墨工作室　脱琳琳

出　　版　河北少年儿童出版社
　　　　　石家庄市桥西区普惠路6号　邮编　050020
　　　　　河北大学出版社
　　　　　保定市七一东路2666号　邮编　071000
经销电话　010-87653015　010-87653137（传真）
发　　行　全国新华书店
印　　刷　保定华升印刷有限公司
开　　本　889mm×1194mm　1/12
印　　张　23
版　　次　2019年8月第1版
印　　次　2019年8月第1次印刷
书　　号　ISBN 978-7-5595-2376-1
定　　价　188.00元